国外畜牧兽医科技动态精选

◎ 叶得军　译

中国农业科学技术出版社

图书在版编目（CIP）数据

国外畜牧兽医科技动态精选／叶得军译 . —北京：中国农业科学技术出版社，
2017. 8

ISBN 978-7-5116-3188-6

Ⅰ . ①国⋯ Ⅱ . ①叶⋯ Ⅲ . ①畜牧学–国外②兽医学–国外 Ⅳ . ①S8

中国版本图书馆 CIP 数据核字（2017）第 181565 号

责任编辑 闫庆健 陶 莲
责任校对 贾海霞

出 版 者 中国农业科学技术出版社
北京市海淀区中关村南大街 12 号 邮编：100081
电 话 （010）82106625（编辑室） （010）82109702（发行部）
（010）82109709（读者服务部）
传 真 （010）82106625
网 址 http://www.CASTP.cn
经 销 者 各地新华书店
印 刷 者 北京富泰印刷有限责任公司
开 本 710mm×1 000mm 1/16
印 张 7.25
字 数 130 千字
版 次 2017 年 8 月第 1 版 2017 年 8 月第 1 次印刷
定 价 35.00 元

序

当前，我国政治稳定昌明，经济繁荣昌盛，社会和谐安定；而且，随着经济社会的快速发展和生产生活方式的深刻变革，本国的农牧业发展也正处于产业结构转型的关键阶段。

借鉴国外农牧业发展经验，推动畜牧业的现代化和健康可持续发展，是中国农业和农村结构调整的战略选择；也是农业增效，农民增收，加快农业现代化进程的重要途径和重要动力。

有机会看到《国外畜牧兽医科技动态精选》一书，听了译者翻译编纂的情况介绍，令我耳目一新，十分欣慰。

该书收集了多年来发达国家对动物疾病防控、畜产品安全、良种引进、品种选育、科学养殖等各方面的动态信息和经验介绍，值得国内同行们参考。

优良畜禽品种的培育、推广，是畜牧业发展的关键。从本书《应用生物科学培育良种赛马》一文的信息动态可以看出，一些发达国家，动物胚胎移植的应用研究发展极为迅速；他们不仅建有数量众多的育种中心和完整的经营性胚胎移植公司，还可向国外出售胚胎。《试管小鸡》一文虽然篇幅较短，但是却充分反映了国外动物胚胎移植研究起步早、技术成熟先进，且能够广泛运用在优良畜禽的育种和繁育上。

近年来，国际畜产品贸易越来越多。但是畜产品产地环境恶化、养殖中滥用药物、生产过程中大量使用添加剂等弊端，为畜产品安全问题埋下了隐患。因此，畜禽产品安全追溯系统已成为一种国际经验举措，也是世界畜牧业发展的必然趋势。《美国实施增加项目减少样品的新兽药残留监控计划》一文，显示了该国通过健全畜产品质量安全法律法规、标准体系等，对畜产品生产加工、贮运销售等过程进行的全程控制，强化了畜产品质量安全管理体系。

由于人畜共患疾病的特殊性，在预防控制方面，要求建立兽医与卫生部门的协作及联防机制非常重要。然而，这方面的情况却并不理想。《人和动物健康部门合作样板的西非现场流行病学及实验室培训项目介绍》与《伴侣动物和'同一个健康'理念的关系》等文章，从多个角度提出了人和动物疾病防治的对策建议；要求提高动物疫病防控能力，必须建立健全兽医防疫和监测预报系统。同时，鼓励卫生专业人员和其他学科之间的跨部门和机构密切合作，加强国际和区域间的协调，以确保人和动物健康免疫。

在国外，"宠物经济"是一个庞大的产业。目前，国际宠物市场已经逐步成熟，饲养宠物已经成为国际经济实力和社会发达的一种标志。世界宠物经济的迅速发展也带动了繁育、训练、用品用具、医疗医药、贸易等产业链快速发展，并逐步规范化、标准化、国际化。该书中《8～52周龄比格犬饲喂富含DHA鱼油强化食物对其生理功能的影响》和《X线透视引导下经皮膀胱顺行导尿治疗雄猫尿路阻塞的9例报告》等论文，利用大量的篇幅介绍了国外人们对伴侣动物的溺爱程度，详细阐述了各种宠物疫病的诊断和防治技术，对我国小动物医师和宠物饲养户有较好的帮助指导意义。

在发达国家，猪人工授精技术和仔猪早期断奶技术已被广泛应用。人工授精技术一方面可利用种猪的遗传优势提高繁殖率；另一方面可节约昂贵的引种费用。早期断奶仔猪结合猪场全进全出的隔离制度，可减少母源性疾病的传播；而且早期断奶母猪营养损失少，有利于下一胎生产性能的提高。《美国猪人工授精技术最新进展》一文，从多个侧面介绍了该国在养猪业方面有关种猪和仔猪的育肥、繁殖、检验检测等多个环节的具体做法，表明美国的猪场已经全面实现了机械化、智能化、信息化的管理水平。

保护野生动物自然资源，拯救世界濒危物种，建立人和动物之间的和谐关系，需要全球的共同努力。《局部和全身用药治疗尔氏长尾猴毛癣菌皮肤感染的病例报告》一文，系统介绍了国外利用全新的综合措施治疗野生动物疾病的方法，值得我国动物保护人员在实践中参考应用。

得军同志，虽多年从事行政管理工作，但仍然没有丢掉自己所学的畜牧兽医专业，而且多年自学英语不辍，深钻细研畜牧兽医科技知识不懈，精神可嘉。不仅如此，还利用业余时间，翻译发表了几十篇国外畜牧兽医科技论文。翻译国外畜牧兽医科技论文，这需要勇气，需要决心，更需要逾越各种障碍的耐力，这是好多专业技术人员都做不到的事，得军同志做到了，并且做的非常好，堪以称赞之。

本书是译者数十年心血的结晶。尤其是译者身处基层，一定会遇到外语资料订阅难，科技文章翻译环境差，专业知识单一等不利因素。但是，译者能够坚持学习，克服困难，编纂出版译著，实属不易。真是功夫不负有心人。特别值得一提的是，得军同志这种执著探索、执著研究、执著总结积累的精神，难能可贵。我们畜牧兽医工作者，应该向他学习！

谨写此文，权以为序。

甘肃畜牧工程职业技术学院　副院长　教授

译者的话

本人 1981 年参加工作，现系甘肃省永靖县乡镇企业管理局副局长。曾在永靖县畜牧兽医站从事临床工作 10 年；因酷爱英语，热衷翻译国外畜牧科技文章，从 1988 年发表第 1 篇畜牧科技译文起，共有 19 篇译稿发表在农业部、教育部、中国科协等部门主管的 12 种畜牧期刊或媒体上（其中 3 篇刊登在华中农业大学主办的期刊上；1 篇被《中国畜牧兽医文摘》杂志评选为优秀论文，收录于中国农业大学出版社出版的《畜牧兽医最新实用技术选编（2016）》一书）。英文原稿绝大部分来自《纽约时报》《兽医记录》《美国兽医协会杂志》等英国、美国的报纸和期刊，有 1 篇是 2013 年 4 月 24 日，美国伊利诺伊大学厄巴纳分校 Robert V. Knox 博士向中国《猪业科学》杂志社投稿后，编辑部邀我翻译发表的文章。在国内《猪业科学》杂志发表的"猪人工授精技术在美国的新进展"一文被四川农业大学教研人员引用；"欧盟有望修订蓝舌病无病区禁止使用疫苗的规定"稿件被《中国职业兽医网》作为国外新闻进行报道。

大家知道，翻译科技文章，要外文好、专业好、中文好。我在翻译实践中，同样遇到诸多难题；首先是本人从未接触过医学统计学知识，对原文中出现的大量统计学术语，需要请教专家老师，花费了很长时间；其次，国内杂志社发表翻译稿件时需要征得原作者的同意，这些版权沟通会遇到许多语言交流的问题；再次，随着医学和兽医学的快速发展，涉及的有关分子生物理论方面的知识，对专业学校毕业已 30 余年的我来说是重大挑战，需要翻阅大量书籍更新知识，也是我"充电"的过程。

本人译著共有中文十余万字，涉及内容既有畜牧兽医领域世界最前沿的研究成果，也有实用、简便易行的动物养殖技术。译著对于解决牛、羊、马、猪、鸡、犬、猫、野生动物驯养方面所面临的一些技术难题具有十分重要的帮助指导意义，同时也能给农牧主管部门、科研院校、畜牧兽医技术人员开展疾病防治、遗传育种、繁殖技术、饲养管理、畜产品加工等工作提供实际参考。本书的印刷出版得到了永靖县委、县人大、县政府、县政协四大家领导的关心和支持；特别是甘肃古典建设集团有限公司五分公司企业家沈文刚先生、陈永华先生，甘肃省劳动模范、甘肃令牌集团公司董事长孔令珍先生，永靖县政协原副主席、甘肃金发建业集团董事长王永平先生的鼎力相助，解决了部分出版经费；永靖县人民医院工作的译者妻子崔雪君女士校对并打印了通篇书稿；值得一提的是甘肃畜牧工程职业技术学院副院长姜聪文教授在百忙中亲自写序，为本书增色不少，在此一并致谢。

2017 年 6 月

目　　录

伴侣动物和"同一个健康"理念的关系

前言 2010 年，世界小动物兽医师协会（WSAVA）建立了"同一个健康委员会"，该委员会在全球"同一个健康"框架内确立了伴侣动物的位置，本文是"同一个健康"委员会主席 Michael J. Day 有关小动物与"同一个健康"的阐述。

"同一个健康"或"同一个医学"的概念要求在临床保健、共患疾病监控、科技宣传教育、病理研究、诊断治疗、防控接种、全球变暖等环境因素对人类、家畜、野生动物健康的冲击方面要建立医学和兽医职业的联合探索（Monath 等，2010）。该概念不是一个新的提法，在历史上，有影响的人物已经提出过"同一个健康"这个概念。在法国里昂庆祝第一个兽医学院建立 250 周年时，学院的创办者 Claude Bourgelat 就曾在文章中陈述："我们已经看到了人和动物机理之间应有的亲密关系，这种亲密关系是当我们抛弃嘲弄甚至偏见时，其中的一类医学对另一类医学有促其成熟和完美的作用。" 19 世纪的伟大医学家 Louis Pasteur（1822—1895），Robert Koch（1843—1910）和 Rudolph Virchow（1821—1902）都研究过动物疾病。Virchow 曾说："人和动物医学没有分界线，也不应该有分界线。尽管主体不同，但机理和医学构成是相通的。" 在英国，最早的"同一个健康"概念倡导者是 John McFadyean 先生（1853—1941），他既是兽医学家，也是外科医学家，曾在英国伦敦皇家兽医学院从事过动物主要疾病的研究工作（Pattison，1988），他还在 1888 年创办了《比较病理杂志》，使它成为共同研究人与动物疾病的主要宣传工具（Day，2008）。

1 再提"同一个健康"的概念

虽然这个概念现在有很多倡导者，但"同一个健康"概念的再次出现很大程度归功于兽医传染病学家 Calvin W. Schwabe（Cardiff 等，2008）。现在医学科研机构、政府部门、工业部门都承认在实验室研究、公共卫生、食品、环境科学、生化武器研究等方面人和动物科学所做的贡献是相似的，二者为有利互补的关系。在 2005 年英国医学协会和英国兽医协会共同出版的《英国医学杂志》和《兽医记录》补充册中，重点讲述了两个职业之间的密切关系（Alder 和 Easton，2005）。2006 年，当"美国兽医协会（AVMA）"和"美国医学会（AMA）"之间确立联络关系后，2007 年的"美国兽医协会（AVMA）"主题就是"同一个健康"（Enserink，2007）。2008 年，美国兽医学院内科医学院的论坛题目也是"同一个健康，同一个医学：兽医和医学的共同之路"。"同一个健康"的概念也再一次出现在 2008 年"国际新发传染病会议"的议题中。英国比较临床科学基金会的建立，促进和资助了人畜共患疾病的研究。2009 年，该基金会在伦敦主办了一次专题会，吸引了 100 多位英国医学家和兽医学家参加（Anon，2009）。在欧洲，多数欧盟国家的资助金也贡献给了 LUPA 项目，该项目认为犬的疾病基因模型也许和人类疾病基因模型等效（Pennisi，2007）。"欧洲兽医联盟（FVE）"和"世界小动物兽医师协会（WSAVA）"都采用了"同一个健康"这个主题。

最近一次"同一个健康"专题是由世界动物卫生组织（OIE）、世界卫生组织（WHO）、粮农组织（FAO）、联合国儿童基金会、世界银行共同发起的，这个群体组织发行了一个关于医学和兽医合作的文件，2008 年 10 月在由 100 多个国家的代表参加的会议上被采纳。2010 年 4 月，由 DIE、WHO、FAO 三方共同撰写的一份关于"同一个健康"的联合报告出台（A-non，2010）。最近，美国宣布成立了"同一个健康"专业委员会，这是由 AVMA"同一个健康"发起者 Task Force 组织的、8 个专业机构包括 AVMA 和 AMA 在内介入的一次合作（King 等，2008）。

此外，"同一个健康"课题也广泛讨论"同一个病理"的问题。因为它促进了医学和兽医学的更大结合，尤其是促进了在未来取得主要成果的基因工程鼠的特点研究等前沿科学方面的有机结合（Cardiff 等，2008；Sundberg 和 Schofield，2009）。2011 年 1 月，在澳大利亚墨尔本举行的"第一届同一个健康国际大会"，已把所有对此感兴趣的组织迅速的联合了起来。

2 伴侣动物与"同一个健康"理念的关系

"同一个健康"专题的一个目的是讨论目前人类发生的和以生产性为主的动物以及野生动物之间发生的共患疾病的问题。这里有小动物传播的或为传染源的疾病的具体实例，如狂犬病和利什曼病的研究。狂犬病仍然是人类的主要疾病，且往往"被忽视"，世界 2/3 的人口生活在狂犬病疫区，每年有超过 5.5 万人死于此病，多数在非洲和亚洲地区。疫苗注射和管理流浪犬是控制此病的关键。在近期的"兽医记录"上刊登和总结了开展这方面活动的文章（Anon，2009）。①由 OIE、WHO、CDC（美国疾病中心）等发起的世界狂犬病日活动；②"动物医学+人类医学=同一个健康"主题的欧洲兽医周活动；③为了研究消灭狂犬病，由 Gates 基金会奖励 1000 万美元给 WHO 的热带病防控部门的活动。利什曼病是在许多国家发生的人类疾病，家养的犬是主要的传染源，尽管同狂犬病发病机理不相似，但对犬群防控仍是预防此病的关键。第一代利什曼病疫苗已在巴西应用，而且很有效（Palatnik de Sousa 等，2009），WHO 将此病认定为"被忽视"的疾病；此病在世界上 88 个国家存在，其中 72 个是发展中国家，每年有 200 万新增病例发生，估计目前有 1 200 万人感染。狂犬病和利什曼病是宠物和野生动物之间交叉感染的典型实例。城市饲养的狐狸也被认为是这两个疾病的传染源。以上内容证实了小动物的这两个全球性疾病感染的实例，许多传染病也许有跨物种交叉感染给犬和猫的潜在危险，而这些动物就成了控制疾病的关键。猫易感染 SARS 病毒和全球新出现的流感病毒，如高致病性 H5N1 型（Kuiken 等，2004；Marschall 和 Hartmann，2008）和 H1N1 型（Lohr 等，2010）就是最好的例证（Van den Brand 等，2008）。宠物对西尼罗病毒、尼帕病毒、亨德拉病毒等病毒都易感。一本新的教材就系统叙述了伴侣动物与人畜共患传染病的感染过程（Rabinowitz and Conti，2010）。

目前，出现伴侣动物人畜共患传染病的危险性随着国际旅行计划宠物数的增多明显加剧（Brown，2010）。例如，2000 年"英国宠物旅行计划"推行后，截至 2010 年 8 月，猫、犬、雪貂的旅行数量达到了 717 965 只（Anon，2010）。宠物医师对此应高度警觉。

在发达国家，引起高度重视的实例是耐甲氧西林的金黄色葡萄球菌（MRSA）的感染，这些有抵抗力的病原体也容易感染宠物（一般认为是由人传染到动物的）。

　　除了人和小动物健康相互影响的实例外，"同一个健康"专题的另一个主要目的是整合医学和兽医学的研究成果。一致认为犬病和猫病的自发研究对理解人类疾病有极大的帮助，因为犬和猫身上出现的大面积感染、产生的赘生物、炎症、免疫低下等疾病和人体发生紊乱的机理极其相似。近几年，犬的基因研究发展很快，反映与人类疾病有关的犬疾病遗传基础准确性研究的《全基因组关联研究（Genome Wide Association Studies，GWAS）》已问世（Mellersch，2008；Wilbe and others，2010）。随着对环境影响和生活方式所起作用的认识明显增强，人们都知道引起人和犬共患疾病的因素是相互关联的，而且人和动物分享着同一环境，这种比较研究日趋成熟（Bernstein和 Shanahan，2008）。在西方国家，人和动物的最主要健康问题仍是肥胖，这与人和动物的生活方式有直接关系。

　　"同一个健康"最后讨论的是被称为"人——伴侣动物关系"（human-companion animal bond）的议题。家庭饲养宠物对小孩的抚养、老人慢性病的恢复以及保健有好处，人类也能从动物身上获得身心愉悦的感觉。

3　关于世界小动物兽医师协会（WSAVA）"同一个健康"委员会的介绍

　　小动物对同一个健康的影响是显著的，但令人奇怪的是许多"同一个健康"的平台将重点仅放在了人、生产性动物、野生动物之间的交叉感染上。为纠正这种观点，WSAVA 在最近成立了"同一个健康委员会"，宗旨之一就是确定了小动物在"同一个健康"框架中的地位。"世界小动物兽医师协会"是一个独特的组织，它是 80 多个国家小动物兽医机构的 8 万小动物兽医执业者交流的平台。该组织的基本工作是通过年会和发展中国家取得的成就，提高人类的科学技术教育意识。因为跨物种交叉感染人畜共患疾病时，发展中国家的兽医执业者处于疫情的最前沿，宣传这些科学技术是"同一个健康"项目的主要功能。

　　WSAVA 这个特殊的组织能够快速联系和收集到在发展中国家兽医执业者所做的教育努力的成果。例如，该协会的许多成员国就是狂犬病和利什曼病流行的国家。"同一个健康"组织中 WSAVA 所起的第一个作用就是建立一个强大的有效的全球网络系统。如从 OIE 就能很快得到有关伴侣动物的全球传染病病例，或发起新发传染病的控制计划等技术信息。近年选择了由WSAVA"疫苗指导"（Day 等，2010）生产的流浪猫和犬疫苗就是该网络系统的作用。若有适当的资金赞助，WSAVA 还可协调成员国将第一手临床资料和实验室数据快速汇集到中央数据库内，迅速检测到有关全球伴侣动物的疾病。显示 WSAVA 重要性的另一个活动是通过该组织的规范化研究小组分享科技成果。目前这项活动的主题是涉及有关肝、胃肠道、肾脏疾病，犬和猫有关上述脏器疾患的研究可自然地对正在兴起的人类类似脏器病变的基因模型研究提供参考（Day 等，2008）。因为 WSAVA 提供的仅仅是临床研究，而不是实验室数据，所以这些规范化研究小组对人和动物的临床研究提供了更大的联合空间，最直接的例子是肝病规范化研究小组中就有人类肝病学专家参加。目前，WSAVA 已建立了专门的基金，为分享科技成果提供方便。

WSAVA 充分肯定了"同一个健康"栏目的作用，积极支持所有倡导者的建议，促进和扩大了伴侣动物兽医执业者在"同一个健康"栏目中的独特作用。正因为如此，WSAVA 在其成立 50 周年会议上将"同一个健康"列为主要议题。该协会已经成立了"同一个健康委员会"，在 2011 年 1 月成立大会后，开始了 3 年的巡回活动。此工作通过小动物兽医师协会基金会得到了工业企业的资助，协会基金会会员也有许多国际公认的小动物传染病接种学、比较研究学方面的专家和来自 OIE、CDC 的代表，并和 WHO 组织始终保持着联系。这些组织都认为在 WSAVA 的全球网络中应重新确立从"同一个健康"框架内"遗漏"的伴侣动物的应有地位。

译自：M. J. Day. One Health：the small animal dimension ［J］. Veterinary Record，2010，167：847-849.

译文载于：《中国畜禽种业》，2013 年第 8 期。

得克塞尔母羊乳房易感金黄色葡萄球菌的有关研究

　　临床上绵羊的乳房炎发病率每年通常低于 5% （Bergonier 等，2003；Contreras 等，2007）。病原经常是金黄色葡萄球菌、溶血性曼氏杆菌、凝固酶阴性葡萄球菌。不过链球菌和肠杆菌菌株也能从绵羊乳房中分离培养（Lafi 等，1998；Bergonier 等，2003；Mork 等，2007；Arsenault 等，2008）。乳房炎发生的病因与母羊胎次、难产、饲养方式、地域、产羔数关系密切（Larsgard 和 Vaabenoe，1993；Arsenault 等，2008；Waage 和 Vatn，2008），生产 2 或 3 个羔羊的比生产 1 个羔羊的母羊易患乳房炎（Larsgard 和 Vaabenoe，1993；Waage 和 Vatn，2008）。然而 Arsenault 等（2008）则报道哺乳 3 个羔羊的母羊更具危险，产 1 和 2 个羔羊的母羊没有明显不同。该研究描述了群羊患乳房炎的可能性与 2 个以上羔羊吮吸有关。细菌培养显示：多数病例与感染金黄色葡萄球菌与溶血性曼氏杆菌关系密切，产 2 个羔羊的比 1 个羔羊的母羊更易感染金黄色葡萄球菌。

　　荷兰 1 个有 350 只得克塞尔羊的饲养场报道：在过去 15 年，乳房炎的发病率每年高达 8%，他们为了改善母羊的健康，自 1999 年起，患羊从羊场隔离，产羔后 1 个月，连同羔羊放牧饲养，羔羊在 3 月龄断奶，在母羊干乳期进行乳房内用药治疗。但这些措施没有降低乳房炎发病率，在每年 3 月份产羔后，4 月份又开始发病。在整个泌乳期，饲养场主及时检查母羊乳房和奶汁，当发现母羊乳房异常、羔羊虚弱无力（缺奶造成），特别是发现乳房发热、肿胀、色泽由红变蓝和奶汁异常等症状，则基本能够诊断为乳房炎。在 2007—2008 年，他们对每个母羊的年龄、产羔方式、羔羊数、胎次分别进行了记录，并无菌收集了乳房异常患羊的乳液样品，在零下 20℃ 的温度下冷冻。两个月后，根据全国乳房炎理事会指导进行了病原培养，培养出一个或多个菌落认为是乳房炎阳性；培养出微量的金黄色葡萄球菌或者溶血性曼氏杆菌，则认为是被其中一种细菌感染；两种细菌同时被培养出来则认为是混合感染。

用逻辑回归分析法预测了产 2 或 3 个羔羊的与 1 个羔羊的母羊发生乳房炎几率是否一样。用两种回归模型分析了 2007—2008 年的数据。母羊胎次放在第 1 种模型下，用来调整可能的混杂变量。第 2 种模型建立在奶汁样本基础上，仅包括金黄色葡萄球菌或者溶血性曼氏杆菌样本，以估算产 2 或 3 个羔羊的比 1 个的母羊感染金黄色葡萄球菌与溶血性曼氏杆菌的几率大小。因为 2007 年的数据被剔除，在这个模型中，2008 年的数据中不包括 2007 年的资料，两年的病例已被综合分析（表 1）。

表 1　荷兰得克塞尔母羊乳房炎发病率与胎次的关系

	胎　次			总计
	1	2	3（≥3）	
2007 年				
母羊总数（头）	152	71	125	348
乳房炎病例（例）	12	7	12	31
乳房炎发病率（%）	7.9	9.9	9.6	8.9
2008 年				
母羊总数（头）	126	104	130	360
乳房炎病例（例）	8	7	11	26
乳房炎发病率（%）	6.3	6.7	8.5	7.2

2007 年的 31 个乳房炎奶汁样本中有溶血性曼氏杆菌菌落的 15 例（占 48%），金黄色葡萄球菌的 12 例（占 39%），溶血性曼氏杆菌和金黄色葡萄球菌混合感染的 1 例（占 3%），乳房链球菌和凝固酶阴性葡萄球菌混合感染的有 1 例（占 3%），没有培养出病原的 2 例（占 7%）。

表 2 显示了不同羔羊数的母羊奶样中不同的细菌分布。在 2007 年的样本中，产 2 或 3 个羔羊的比产 1 个羔羊的母羊患乳房炎的危险性增高明显（对照的比值比［OR］为 4.1，95% 的可信限［CI］为 1.5~11.2，$P = 0.005$）。2008 年的样本中增高不明显（对照的比值比［OR］为 2.0，95% 可信限［CI］为 0.8-4.7，$P = 0.12$）。由溶血性曼氏杆菌引起的乳房炎在产 1 或 2 个羔羊的母羊发生，但由金黄色葡萄球菌引起的乳房炎只在产 2 个以上羔羊的母羊中发生，比产 1 个羔羊的母羊感染的危险性增高明显（OR 为 9.5，95% 的 CI 为 0.9-97.5，$P = 0.059$）。

表2　生育不同羔羊数的母羊与其奶汁样本中培养的菌种结果比较

	生育的羔羊数（只）			总计
	1	2	3	
无乳房炎临床症状样本	303	340	9	652
乳房炎样本	13	43	1	57
金黄色葡萄球菌样本	1	10	1	12
溶血性曼氏杆菌样本	7	8	0	15
金黄色葡萄球菌和溶血性曼氏杆菌混合感染的样本	0	1	0	1
乳房链球菌与凝固酶阴性葡萄球菌混合感染的样本	1	0	0	1
革兰氏阴性菌样本	0	2	0	2
未培养出病原的样本	4	22	0	26
总　计	316	383	10	709

　　Villanueva 等（1991）观察在普通冷藏的母牛奶样中能分离出许多金黄色葡萄球菌，而有人观察到的结果则不同（Schukken 等，1989；Murdough 等，1996；Artursson 等，2010）。冷藏的母牛奶样（Schukken 等，1989）和山羊奶样中（Sanchez 等，2003）分离出的革兰氏阴性菌较少。有关在母牛和山羊奶汁中能够分离出溶血性曼氏杆菌的数量目前报道不多。该项研究使用的是解冻后的（-20℃）绵羊奶汁样本，冷冻过程是否更降低了革兰氏阴性菌的活性，目前还不十分清楚。

　　以上结果解释了为什么产2个羔羊的母羊比1个羔羊的母羊更易感染乳房炎，一个原因可能是羔羊用力或频繁吮吸乳房和乳头造成临床型和隐性乳房炎（Larsgard 和 Vaabenoe，1993；Lafi 等，1998；Vaage 和 Vatn，2008），有人从试验中人为地破损乳头而易感溶血性曼氏杆菌的结果中得到了验证（Mavrogianni 等，2006；Fragkou 等，2007）。第二个原因可能是由羔羊口腔的溶血性曼氏杆菌传染到了母羊乳头上（Scott 和 Jones，1998；Gougoulis 等，2008），增加了乳头的污染危险（Arsenault 等，2008）。

　　这项研究结果显示：产2个羔羊的母羊患乳房炎的病因与金黄色葡萄球菌关系密切，与溶血性曼氏杆菌关系较小。在临床上，没有对健康的奶样做细菌培养实验，无法判断产2个羔羊的母羊是否增加了感染金黄色葡萄球菌的可能性或有隐性乳房炎发生。分析表明：金黄色葡萄球菌是一种和乳腺皮肤正常共生的细菌，更适宜乳腺组织这个环境，由羔羊频繁用力地吸吮乳头和乳腺组织正是创造了这样的条件，使金黄色葡萄球菌更易感染 2 个羔羊吸吮过的乳房或造成临床上出现症状。溶血性曼氏杆菌只能在泌乳期由羔羊口腔污染到母羊的乳房皮肤上分离发现（Scott 和 Jones，1998），较少依赖乳腺这个环境，对产 1 或 2 个羔羊的母羊都易感。病理特征上两种细菌造成的乳房炎差异不大，都能附着并侵入到乳房上皮细胞内（Iturralde 等，1993；Hensen 等，2000；Aguilar 和 Iturralde，2001；Vilela 等，2004），也能从健康母羊乳头分离培养得到（Bergonier 等，2003）。因此对金黄色葡萄球菌易造成产 2 个羔羊的母羊发生乳房炎的现象感到不解，其发病机理有待商榷。

译自：G. Koop，J. F. Rietman，M. C. Pieterse. Staphylococcus aureus mastitis in Texel sheep associated with suckling twins ［J］. Veterinary Record，2010，167：868-869.

译文载于：《中国动物保健》，2012 年第 12 期。

局部和全身用药治疗尔氏长尾猴皮肤毛癣菌感染的病例报告

摘　要　饲养在动物园灵长类圈舍的 4 只尔氏长尾猴被诊断为皮肤毛癣菌病。感染的动物表现出无搔痒的秃头、皮肤出现鳞屑、结痂症状。采集拔取的毛发进行菌种培养后镜检即可诊断。治疗开始就采用以 1kg 体重口服 8.25mg 特比萘芬为全身用药、恩康唑稀释液清洗为局部治疗、消毒液喷雾圈舍的新方案，控制措施是为了限制病原传播以降低动物园疾病的传染危险。该方案取得了极佳效果。真菌学治疗 4 周后症状消失，8 周后痊愈，随访再未发现临床病例。

关键词　治疗；尔氏长尾猴；毛癣菌；感染

曾有非人灵长类动物继发小孢子癣菌（*Microsporum*）和毛癣菌（*Trichopyton*）引起皮肤癣菌病感染的报告（Baker 等，1971；Bagnall 和 Grunberg，1972；Smith 和 Mehren，1985；Ott - Joslin，1993；Avni - Magen 等，2008），但很少有成功治愈皮肤真菌感染的病例。对黑猩猩（Pantroglodytes）口服虱螨脲（Lufenuron），每 3 周给药 1 次，连续 2~3 次，在 2~4 个月后症状才消失（Dubuis 和 Lucas，2003）。实验用的缓释青霉唑和水杨酸已在成年合趾猴身上用于治疗前臂的小孢子菌感染，因为口服灰黄霉素（Griseofulvin，20mg/kg，1 次/d，连续 1 月）和伊曲康唑（Itraconazole，10mg/kg，1 次/d，连续 21d）没有效果（Avni-Magen 等，2008）。但采用全身用药和局部使用广谱抗真菌药物治疗动物园其他种类动物的成功病例多有报道（Rotstein 等，1999；Pollock 等，2000；Hhn 等，2003），如口服特比萘芬（Terbinafine）成功治愈了猫的小孢子癣菌感染（Mancianti 等，1999；Nuttall 等，2008;）。特比萘芬在治疗猫的全身皮肤真菌病和足分支菌病方面比以前使用过的药物更有效、更缩短了疗程（Mancianti 等，1999），一天只用药 1 次。该文介绍了特比萘芬在非人灵长类动物尔氏长尾猴（L'Hoest's monkeys）及治疗皮肤真菌病的过程。

1 病例报告

在英国爱丁堡动物园的 4 只尔氏长尾猴发现无瘙痒的脱毛症状。该群分别由 8 岁的成年雌猴、17 岁的成年雄猴、1 岁 9 个月的青春期雌猴、7 个月大的雄性幼猴组成。成年的雄猴、雌猴、幼猴被发现身体有损伤。成年雄猴在右后腿的外侧有一个单个的、大片的损伤；成年雌猴的头颅后部和右前腿的前面有脱毛区域；幼猴头部有一处无毛区。损伤部位均带有轻度鳞屑的边界清晰的无毛区。因为几个动物同时出现皮肤损伤，所以很容易判断为皮肤真菌感染。因为其他灵长类在寄生虫（蠕形螨病）和细菌感染的情况下，也由于内分泌失调（如甲状腺机能减退、肾上腺皮质激素过多）、卵泡发育不良、自身免疫疾病（如斑秃、瘢痕性脱发、皮脂腺炎）等因素造成秃毛症状，但根据该猴群的年龄、损伤分布和疾病的感染途径等鉴别诊断，不可能是上述病因。

这些症状在尔氏长尾猴上没有报道过。本文猴群在意识抑制的状态下，只对深部和浅表的皮屑和毛发做了样本采集，皮屑中没有发现外寄生虫。但从感染的每个动物的受损部位边缘采集的各类毛发被包埋在液体石蜡中，在载玻片上直接镜检，明显可见发内癣菌的小分生孢子。因为全身麻醉状态下对动物造成明显的紧张状态，没有做进一步的损伤样本的活检诊断。利用猴群中采集的全样本中的其他毛发，在 25℃ 的温度下进行了 3 个星期的真菌培养，可见底部是淡棕色粉状表面特征的典型毛癣菌属菌落形态，从单个的、肉眼可见的形态学判断是毛癣菌菌种。

皮肤毛癣菌感染确诊后，动物园的饲养人员采取了如戴手套、在圈舍外安置消毒浴池、使用的工具彻底消毒等严格的控制措施；在另外的圈舍，饲养人员在完成工作后也消毒清洗圈栏，以减少潜在的传播机会；所有的草垫、木板、绳索等都从圈舍移出焚烧，因为这些被看作是主要的污染源。

局部和全身用药以及圈舍喷雾消毒是治疗一开始就采用的方案。按 1:50 的药和水比例配制的恩康唑（Enilconazole）稀释液（Lmaverol；Janssen 动物保健公司推出），作为局部用药每周 1 次喷洒在每个动物身上。全身用药是 1kg 体重口服 8.25mg 的特比萘芬（含 250mg Lamisil 片剂，Novartis 公司推出），将药片研碎和水混合做成溶剂，搅拌在它们最可口的食物中，每个动物单独用药，1 次/d。因为幼猴没有断奶，口服此药难以吸收，所以幼猴通过哺乳获得药物，如果是口服，很可能摄入过量。

此外，按照1∶250的药和水比例（0.4%）配制兽用F10SC消毒液，这种消毒液是季铵化合物结合体，含有杀灭病毒、杀灭细菌和杀灭芽孢的无醛类药物（Verwoerd，2002），用商业用的手提喷雾器将该药喷洒圈舍，每天30min。通过以上治疗方案，效果很好，4周之后症状消失，8周后痊愈。两年多的随访再未复发。

2 讨论

毛癣菌感染一般侵害动物的表皮角蛋白而出现无瘙痒或轻微瘙痒的脱毛，最典型症状是皮肤出现过多鳞屑、红斑、结痂（Avni-Magen等，2008）。瘙痒症并不是灵长类动物毛癣菌感染的通常症状（BagnallGrunberg，1972；Smith和Mehren，1985；Avni-Magen等，2008）。该文描述的被感染的尔氏长尾猴主要是在头部和四肢，表现为不瘙痒的脱毛症。真菌病在健康动物通常是自限性疾病，但在抑制免疫的全身性疾病、老龄以及青年动物可造成临床上的明显损伤（Bagnall和Grungerg，1972）。本文病例中，成年雌猴刚刚生产，且仍在泌乳期，可能易出现临床症状。

在猫身上通过和无药空白对照组比较发现，不管是单用灰黄霉素（Griseofulvin），还是和含有洗必泰（Chlorhexidine）和咪康唑（Miconazole）的洗涤液合用进行每周2次的使用，采用全身和局部用药的方案可更快地导致真菌临床症状的消失（Sparkes等，2000）。该方案曾成功治愈了5个黑猩猩（Dubuis和Lucas，2003）、1个成年合趾猴（Avni-Magen等，2008）、1个（脊椎）猩猩（Smith和Mehren，1985）的皮肤真菌感染。

恩康唑作为局部的治疗药物是因为它具有已被证实的效果，且容易喷洒（Hnilica和Medleau，2002）。在这个病例中使用此药没有出现副作用。但在猫上有轻微的诸如唾液分泌过多、肌肉无力、提高血清中丙氨酸转移水平等症状（Hnilica和Medleau，2002）。

在培养出菌落，确诊为毛癣菌感染的情况下，仅靠局部用药治疗是很困难的（Dubuis和Lucas，2003；Nuttall等，2008），要考虑传染到动物园其他灵长类和饲养人员的可能性，采用圈舍喷雾消毒限制污染物传播的措施至关重要（Sparkes等，2000）。该动物园猴群中，虽然传染源不能确定，但野生的啮齿动物相继被发现进入过外面的圈舍，所以很可能成为其传染源

（Donnelly 等，2000），因为异嗜兽的毛癣菌菌种曾在啮齿类动物发现过。潜在的传染源还有饲养员本身。在全部的灵长类动物圈舍中加大消毒控制措施是本病例的后续工作。

特比萘芬是新的烯丙胺抗真菌药物，它靠抑制鲨烯环氧化真菌酶来延缓麦角固醇的生物合成，是一个广谱抗毛癣菌的药物和杀菌剂，因为有高亲脂性和在角质层、蹄子和脂肪组织能够积累的特性，所以大大缩短了药物疗程。很明显，它类似、或者比伊曲康唑和氟康唑的远期疗效更好（Nuttall 等，2008），这个病例中，没有见到使用该药后的不良反应。

曾有一只波斯猫口服特比萘芬治疗由小孢子菌感染引起假足分支菌病（*Pseudomycetoma*）失败的病例报道（Bond 等，2001），一些作者也认为更大剂量的特比萘芬（30～40mg/kg）可导致猫的毛癣菌菌种产生赖药性（Bond 等，2001；Kotnit 等，2001；Kotnik，2002）。虽然特比萘芬有这些不详的副作用，而该文作者则推荐在以后的尔氏长尾猴毛癣菌感染病例中使用此药，其他的作者也发现特比萘芬对治疗毛癣菌病有很好效果（Kotnik 等，2001；Kotnik，2002）。

译自：E. J. Keeble，A. Neuber，L. Hume，et al. Medical management of Trichophyton dermatophytosis using a novel treatment regimen in L'Hoest's monkeys（Cercopithecus Ihoesti）［J］. Veterinary Record，2010，167：862 -864.

译文载于：《中国畜牧兽医文摘》，2012 年第 12 期。

应用生物科学培育良种赛马

多年来，第一流的优良种马在欧洲一向受到人们的精心保护。现在美国的技术可能改变这种状况，美国育种家断定，应用一种仍处于初期发展阶段的技术，可以迅速地培育出能够获胜的良种赛马。这种技术叫做胚胎移植——从有价值的母马子宫中取出受精胚胎移植到一个代孕母体中，直到分娩、产驹。美国科罗拉多州立大学主持一项养马科学计划的 B. W. Pickett 说："一匹母马在一生中通常只能产下 6 匹幼驹，而利用胚胎移植，我们能在 1 年里，从某些母马得到 10 匹幼驹。"

到目前，CSU（Colorado State University）已经完成了几百个胚胎移植手术。在母马受孕后 7d，科学家们将一种溶液注入到子宫中，使胚胎连同液体一起流出，然后将这种液体放入佩特里细菌培养皿（Petri dish）中，在 20 倍的显微镜下寻找在 11 个月后可以生长成幼驹的细胞小团。这种胚胎可以冷冻并输送到外地，进而将其移植到代理母体中。用外科手术移植产生幼驹的成功率很高（约为 70%），但是研究者们仅仅通过一根玻璃管将胚胎植入到子宫中去，也能获得几乎相同的效果。在 CSU 的科学家们甚至能在实验室中将胚胎一分为二，人工地制造双胞胎，然后移植到两匹母马体中。

除了使母马产生更多的后代外，胚胎移植的意义还在于使母马无需停止参加比赛达 1 年之久。同样的母马由于免除了怀孕、分娩所需的时间或所遭受的损伤，因而仍然能够继续产生后代。

译自：[N] . U. S News & World Report. 1987-11-2.
译文载于：《甘肃牧校》，1988 年第 1 期。

猪繁殖与呼吸综合征病毒和猪肺炎支原体长距离空气传播能力评估

动物病原长距离传播是危害牲畜群体繁殖能力和健康的主要因素。2009年10月，美国明尼苏达大学猪病防治中心在166km²的范围测定表明：猪繁殖与呼吸综合征病毒（PRRSV）和肺炎支原体（M. hyo）的空气传播距离可长达4.7km。

这项研究正在评估这种传播距离是否会达到更长。他们对实验猪场的育肥猪群混合接种了PRRSV184，1182和1262三种毒株以及M. hyo232株，并在初期对实验猪场的两组25头猪接种了PRRSV1182或者1262病毒疫苗。在过去的三年里，实验猪群感染了PRRSV184毒株和M. hyo232株。之后在21d时间内收集了距离实验猪场10.2km的31个检测点的空气样本，应用PCR方法进行了PRRSV RNA和M. hyo DNA的核酸检测。

该中心分别检测了实验猪场的21个空气样本中的21个PRRSV样本和8个M. hyo样本，又分别获取了114个长距离空气样本中5个PRRSV阳性样本和6个M. hyo阳性样本。5个PRRSV阳性空气样本分别从距离猪场2.3，4.6，6.6和9.1km处收集，检测结果为PRRSV184株同源性为99.2%，在长距离样本中未检测到PRRSV1182和1262毒株。6个M. hyo阳性空气样本和232株同源性为99.9%，其中3个样本分别从距离猪场3.5、6.8和9.2km处收集。

作者认为：PRRSV184毒株和M. hyo232株的空气传播距离比以前报道的更长。

译自：S. Otake, S. Dee, C. Corzo, et al. Long - distance transport of PRRSV and Mycoplasma hyopneumoniae from pigs ［J］. Veterinary Microbiology，2010，145：198-208.

译文载于：《猪业科学》，2010年第8期。

欧盟有望修订蓝舌病无病区
禁止使用疫苗的规定

欧盟负责卫生和消费者保护的委员 John Dalli 说："在过去 10 年，从未发生过蓝舌病的地区，仍有流行爆发的趋势，仅靠动物进出入严密限制和监控不能控制此病发生，疫苗接种是防控蓝舌病最有效的办法，且有利于活畜的安全交易。由于大范围接种和不断使用研发的新疫苗，在 2010 年，整个欧盟国家只有 120 例蓝舌病发生，而在 2008 年高达 45 000例。"

目前，（欧盟指令）禁止在蓝舌病无病区使用疫苗。John Dalli 认为，应该是改变此指令的时候了。2010 年 11 月 15 日，欧盟委员会建议修改此指令，在 2011 年下一个蓝舌病多发季节到来之际，欧盟有望允许其成员国更灵活地采取全国性预防接种措施控制蓝舌病。

该委员会说，他们的建议仍坚持"防重于治"的原则，因为很难预测此病何时发生，预防具有极其重要的作用。改变这个指令，还因使用最新的技术带动了疫苗的研制生产，进而在整个欧盟国家使用疫苗。该委员会同时指出："蓝舌病可引起牛、绵羊和山羊的发病、死亡，影响活畜的市场交易，广泛、灵活地使用疫苗可直接或间接降低饲养户的损失。"

此建议已受到英国全国农场主联合会（NFU）的欢迎。NFU 的顾问 John Mercer 说："由于成功使用了疫苗，自 2008 年以来，英国没有发生一例蓝舌病，过去我们只能勉强接受政府的法令，饲养户不能对他们的畜群接种预防，有了这个建议，获得政府的认可，就能在无病区使用疫苗来防范潜在的疫病爆发，从而减少饲养户的损失。"

译自：Proposal to change bluetongue vaccination rules ［J］. Veterinary Record，2010，167：840.

译文载于：《中国职业兽医网》，2012 年 6 月 29 日。

欧洲犬和猫贾第虫病的
流行特点和诊断方法

摘　要　贾第虫是一种人畜共患传染性疾病，在大量阅读外文文献的基础上，调查总结了欧洲犬和猫贾第虫病流行特点、临床症状及诊断方法，为防治贾第虫病提供理论依据。

关键词　欧洲；贾第虫病；流行特点

贾第虫病是由动鞭毛纲六鞭毛科贾第虫属的蓝色贾第虫寄生于肠道的一种人畜共患寄生虫病。常寄生于人、犬、猫、家畜和其他野生动物。起初，贾第虫被看作为一种普通的肠道原虫，自1976年以来，由于世界各地相继发生，人们才真正认识到它的致病性，目前已将其列为全世界危害人类健康的十种主要寄生虫之一。

1　流行特点

大量研究证实：犬为贾第虫易感动物，可以携带人畜共患的贾第虫；同一家庭人与犬之间的贾第虫感染率呈正相关性，犬对人类健康存在潜在危险。临床上猫的发病机理较少报道，但群饲的猫易感贾第虫，潜伏期为10d。一般认为免疫缺陷的成年动物、幼龄动物和繁殖场的动物感染率高。C. Epe等（2010）报道：在2005年和2006年间，欧洲7个国家的377个兽医诊疗机构共同研究表明，在8 685只犬样本和4 214只猫样本中，分别有24.8%和20.3%的样本呈贾第虫阳性，且小于6月龄的犬和猫感染率较高。在德国，犬和猫感染此病的几率差不多是英国、西班牙、荷兰和意大利的两倍，而比利时的犬和猫感染率更高。

2 临床症状

绝大多数犬和猫感染者（粪便中虽有卵囊排出）无临床症状。幼小的犬感染后在短时间内可出现急性腹泻，年龄比较大的犬可能呈短暂的、间歇性腹泻和慢性腹泻，粪便恶臭、颜色暗淡，存在脂肪粒，病犬表现出精神沉郁、食欲减退、消瘦、贫血、呕吐等症状。成年猫几乎不呈现腹泻症状，而幼猫可通过人工感染引起肠炎症状。患猫出现被毛粗糙、胃肠胀气、有带血稀便或果冻样稀便、轻度脱水和直肠脱出等症。因此 C.Epe 等报道，在研究过程中，诊疗机构要同时提供"无症状"的犬和猫样本，以免出现误诊现象。

3 病原及检测

贾第虫以包囊传播，包囊随粪便排出体外污染食物和水源，被犬和猫食入而感染。包囊在十二指肠内脱变成滋养体，在肠壁和胆囊寄生并繁殖。犬滋养体在小肠上段，而猫则在小肠下段，滋养体在寄生和繁殖时引起腹泻。滋养体到达肠后端，形成包囊排出体外。包囊能在潮湿的粪便中存活 3 周，在水里能活 5 周，滋养体随腹泻粪便排出后很快死亡。

虽然腹泻的粪便中可见贾第鞭毛虫包囊和滋养体，但虫体不可能是腹泻的唯一原因。因此在临床上仅靠腹泻症状诊断该病很难，且分析的时间长，方法复杂。C.Epe 等报道，在欧洲使用美国爱德士公司（IDEXX Laboratories）动物专用的 SNAP 贾第虫商品化检测试剂盒，可以做到快速、有效和连续地诊断，还可以避免因选用不合时机的粪便样本而出现技术误差。

4 预防措施

此病临床治疗不难，关键在于预防。

①建立人畜共患寄生虫病的检测、预警和预报系统，实现资源共享。

②加强食品卫生检疫，严格执行动物源性食品从生产、屠宰、加工到销售各个环节的卫生检疫。③加强虫体检查，管理好犬和猫粪便，对于无症状的带虫犬和猫及时给予药物控制，定期进行预防性驱虫，防止新进犬的污染。④预防犬间的传染和复发，经常消毒环境，注意打扫卫生，定期清洗犬舍、地面、笼子和用具。对家养的猫经常淋浴。⑤控制传染水源，在贾第虫高发区饮用水采取煮沸、过滤的方法，加强水源管理。⑥合理使用养殖场地。

译自：C. Epe, G. Rehkter, T. Schnieder, et al. Prevalence of Giardia infection in dogs and cats in Europe ［J］. Veterinary Parasitology, 2010, 173：32-38.

译文载于：《甘肃畜牧兽医》, 2012 年第 4 期。

犬静脉注射新麻醉制剂异丙酚的疼痛反应观察

2009 年 7 月，一种新配制的异丙酚 PropoClear［由美国富道（Fort Dodge）动物保健公司推出］在英国的犬和猫上广泛用作麻醉诱导。该药剂是无脂质的透明微乳液，可在开封后 28d 内使用，能降低环境的污染危险。而白色脂质的粗乳液制剂必须在开封后 6h 内废弃。PropoClear 内含羟基苯甲酸甲酯、羟基苯甲酸丙酯、波罗克赛默 188、聚乙二醇、丙二醇、柠檬酸、氢氧化钠与水相结合的 1%的异丙酚（Propofol）。该文报道了在 7 只各类犬中静脉反复注射 PropoClear 后，其中有 6 只犬局部出现疼痛反应。

7 只犬因病须在全身麻醉状态下进行放射性治疗，疗程 4 周，每周 3 次，共计 12 次。观察期安排两周，观察期开始时，在犬外周静脉放置聚氨酯置留导管，置留导管的长度和口径要适合犬的体格和静脉大小，以便能够安全放置，并允许药物快速注入。一般选择 25.4mm 或 31.8mm 的置留导管，放置在犬的头静脉和隐静脉上。置留导管放置的静脉部位用 2 个 0.5% 葡萄糖酸盐的棉签清洗，然后用棉签醮上酒精消毒，最后用钳夹固定。所有插入置留导管的静脉部位要避开放射治疗区域。当第一次注射 PropoClear 后，该静脉部位的置留导管就要保留，置留时间要足够保证观察期的使用，最长要放置 5d。再次使用时，置留导管用肝素盐冲洗，以保证麻醉诱导剂注射前管道畅通，肝素盐冲洗导管或麻醉前用药时，没有出现疼痛反应。当麻醉前用药 5min 之后犬仍保持温顺或安静，此时可注射 PropoClear。此后的 2 周内，PropoClear 被作为像常规使用的替代麻醉诱导剂，进行评估观察。表 1 显示了被报道犬的各种资料。

表 1 接受新配制异丙酚 PropoClear 麻醉诱导的 7 只犬基本资料

犬的编号	品种	性别	年龄	体重（kg）
1	杂种犬	雄性	9 岁	47
2	杂交犬	雄性	5 岁 6 个月	28

（续表）

犬的编号	品种	性别	年龄	体重（kg）
3	拳师犬	雌性	3 岁 3 个月	20
4	拉布拉多犬	雌性	7 岁 11 个月	40
5	杂交犬	雄性	6 岁 2 个月	28
6	灵缇犬	雄性	10 岁 10 个月	31
7	杰克罗素梗犬	雌性	10 岁 2 个月	10

表 2 显示了观察期内各类犬出现反应的详细情况。

报道中所有的犬均在观察期前使用过其他麻醉诱导剂，但没有做不良反应记录。在 2 周长的观察期内，共记录了 21 次注射 PropoClear 后的情况，主要是在注射 PropoClear1 周内，多数犬对该静脉第 2 次重复注射时发生的反应。7 只犬中有 6 只在 10 次注射该药后，疼痛明显，其中的 4 只犬有 2 次疼痛反应；当 PropoClear 在曾使用过的静脉中再次注射后，观察到了 9 次疼痛反应；1 只犬在没有用过该药的静脉第 1 次注射后，有 1 次疼痛反应；有 1 只犬在第一次静脉注射和在该静脉第二次注射时，均没有任何反应；有 2 次注射后，反应记录不能确定是否重复用过 PropoClear，据判断可能用过，因为在记录的同一天，报道外的其他犬也在使用此药。犬有局部疼痛反应是指在注射 0.5mL 的 PropoClear 后，不再温顺或安静，而是出现喊叫、四肢撕蹬或企图啃咬静脉注射部位的症状。对 PropoClear 有反应的这些犬，在随后的疗程用药时，在同一置留导管内使用了其他粗乳液异丙酚（Propoflo；美国雅培公司推出）或阿法沙龙（Alfaxalone；法国 Vetoquinol 公司推出）作麻醉诱导，但没有疼痛反应。此前，对犬进行放射治疗时，使用同一生产厂家的置留导管，采用同样的用药规程，注射了其他的麻醉诱导剂也没有出现疼痛反应。观察期结束后即停止使用 PropoClear 麻醉制剂。作者以表格形式介绍了观察期内各犬出现反应的情况，详见表 2。

表 2 7 只犬在观察期注射新配制异丙酚（PropoClear）后不良反应的记录

犬编号	出现反应的次数	反应时注射的静脉	距置留导管放置时间	该静脉是否重复注射此药及时间	两次反应的间隔天数
1	第 1 次出现	左肩部头静脉	已放置 4d	否	10
	第 2 次出现	右肩部头静脉	几乎在放置时	是（3d 前）	
2	第 1 次出现	右肩部头静脉	已放置 2d	是（2d 前）	-

（续表）

犬编号	出现反应的次数	反应时注射的静脉	距置留导管放置时间	该静脉是否重复注射此药及时间	两次反应的间隔天数
3	第1次出现	右肩部头静脉	几乎在放置时	可能注射（5d 前）	4
	第2次出现	右隐静脉	几乎在放置时	是（7d 前）	
4	第1次出现	左肩部头静脉	已放置 2d	是（2d 前）	－
5	第1次出现	左隐静脉	几乎在放置时	可能注射（5d 前）	4
	第2次出现	右肩部头静脉	几乎在放置时	是（7d 前）	
6	第1次出现	左肩部头静脉	几乎在放置时	是（3d 前）	2
	第2次出现	左肩部头静脉	已放置 2d	是（2d 前）	
7	没有出现反应	右肩部头静脉	已放置 2d	是（2d 前）	

这些犬对 PropoClear 具有反应可能是在麻醉诱导过程中，该制剂固有的特征、赋形剂、静脉注射时漏出血管或兴奋现象造成的（Davies，1991）。本报道中对麻醉药物出现反应不可能是静脉注射漏出血管造成的，对犬麻醉诱导时，置留导管进行了仔细检查，彻底清洗，没有看见堵塞物，且通过该静脉注入其他的麻醉剂时就会立即出现副作用。70%的人体在第1次使用粗乳液异丙酚（Propofol）时可能表现为不适或疼痛（Picard 和 Tramer，2000）。比较粗乳液异丙酚（Propofol）来说，其他微乳液异丙酚对人体会产生更严重的疼痛反应（Dubey 和 Kumar，2005）。Klement 和 Arndt（1991）经测试就确定有一种更高浓度无异丙酚成份的水相微乳液，可能与人体的严重疼痛反应有关。而对注射新配制的水相异丙酚 PropoClear 的疼痛反应未见报道。一般认为犬对于疼痛的反应机理也许和人体的反应相同。

对犬混合注射防腐剂羟基苯甲酸甲酯、羟基苯甲酸丙酯、表面活性剂波罗克赛默 188 和聚乙二醇，未见到疼痛反应的报道（Matthews 等，1956；Grindel 等，2002；Laverty 等，2004）。聚乙二醇是一种溶剂，由于高渗透性，用在人体可造成疼痛或血栓性静脉炎，也能直接造成血管内皮细胞损害（Ruo 等，1992）。一般认为对犬使用也许和对人使用是同样的结果。对人体和犬静注柠檬酸后，都未见疼痛反应的相关报道。这些犬不可能使用血管外给药，因为检查置留导管没有发现渗出现象，所以，在同一置留导管注射另外的麻醉诱导剂会立即产生药效。

对犬注射粗乳剂异丙酚（Propofol）发生兴奋现象的占 4%，症状包括肌肉抽搐、四肢僵硬和伴随肱头肌剧烈活动和舌头回缩的喘气症状（Davies，1991）。本报道中使用 PropoClear 后观察到犬的疼痛反应症状很明显有差别。作者认为犬对 PropoClear 的疼痛反应也有其自身的特点。第一次注射 PropoClear 后 7d，在同一静脉内第二次注射该药，多数犬均会出现反应，这种反应和 PropoClear 所含成分之间有无关系仍需进一步研究。目前，观察到的反应已通知生产厂家，并将可疑不良反应报告了英国兽药理事会。

译自：E. Minghella，P. Benmansour，I. Iff，et al. Pain after injection of a new formulation of propofol in six dogs［J］. Veterinary Record，2010，167：866-867.

译文载于：《中国畜牧兽医文摘》，2013 年第 1 期。

特定疫苗和其他特定药品对猫注射部位肉瘤形成的危险度比较

【目的】对疫苗类型和其他注射药物引发猫注射部位肉瘤之间的关系进行评估。【设计】病例对照研究方法。【动物】181 个诊断有软组织肉瘤的猫（病例组）；96 个非疫苗注射部位有肿瘤的猫（对照 1 组）；159 个有基底细胞癌的猫（对照 2 组）。【过程】研究对象按照前瞻性病例对照研究方式，从动物参照病理学实验室（美国 ARUP 实验室）大数据库中获取，使用问卷调查表对统计学资料、肉瘤部位、基底细胞癌、疫苗和其他药物注射史资料进行记录，以便确定病例组、对照组和风险因子暴露程度。三个对照组包括：非疫苗注射部位肉瘤的猫；基底细胞癌的猫；非疫苗注射部位肉瘤和基底细胞癌混合的猫。使用 X^2 检验（卡方检验）、边际同质性检验（边缘齐性检验）、确切 logistic 回归方法进行统计分析。【结果】病例组猫在宽大的肩胛间区，使用皮质类固醇长效注射液（地塞米松、甲基强的松龙、醋酸曲安奈德）的频率比对照组明显更高。在宽大的后肢部位，病例组猫使用重组疫苗的频率比灭活疫苗更低。根据对照组和暴露时间统计，logistic 回归分析的优势比（ORs）等于 0.1，95% 置信区间范围在 0~0.4 和 0~0.7 之间。【结论和临床意义】使用暴露程度时空分析的病例对照研究方法，监测了疫苗类型（狂犬病重组疫苗和灭活疫苗类型）和其他注射药品（皮质类固醇长效注射液）之间引发不可直接测量发病率的猫肉瘤形成的关系。结论显示：不存在无风险的疫苗。该研究提示，允许兽医执业者对使用的药品权衡其可能存在的优点和常用风险。

　　猫注射部位肉瘤（IJS）由疫苗注射引起的最初报道是 1991 年，之后类似病例在美国和世界其他地方的猫相继出现。直到现在，在疫苗注射部位形成肉瘤被认为是猫身上发生的独特现象。实际上，其他动物如犬、雪貂、侏儒兔也曾报道有类似病例存在。

　　本研究的目的在于确定疫苗注射部位肉瘤的病因是否与猫白血病毒

（FeLV）疫苗、狂犬病毒疫苗，FVRCP疫苗（猫瘟，鼻支和杯状病毒三联疫苗）使用有关。但其他因素或致病因子引发造成的可能性也不能忽视。注射药物如长效青霉素、虱螨脲、甲基强的松龙也可能是注射部位肉瘤（IJS）的诱因。不吸收缝线放置在剖腹手术部位、微芯片植入、腹部存有止血海绵也与该病形成有关。

尽管单一的佐剂不足以造成猫肉瘤形成（佐剂的作用仍有争论），但一些研究者认为疫苗佐剂也可能是部分病因。曾有一项研究证实了含佐剂疫苗（含铝盐或不含铝盐）和不含佐剂疫苗之间与疫苗接种后（那时还不生产重组疫苗）肉瘤形成的关系。但后来的一项研究则没有发现疫苗种类（属于相同抗原种类）或疫苗厂商的产品与IJS的危险性大小有何关系，尽管做该研究时很少生产重组疫苗。也有一则报告称：含铝佐剂的猫白血病毒疫苗比无铝佐剂猫白血病毒疫苗更容易诱发局部炎症反应，狂犬病疫苗造成接种后局部反应的程度几乎是猫白血病毒疫苗反应的2倍（研究时未发现肉瘤形成）。然而，传染病学的另外三项研究没能提供有无铝佐剂疫苗是否增加癌变发生的证据。就目前掌握的资料，在肿瘤危险发生方面，近年市售的商业无佐剂疫苗，比含佐剂疫苗更安全。

与IJS有关的外在风险因素将提醒临床研究者充分认识肉瘤形成的相关风险度，且能够积极开展降低IJS风险的研究。当比过去更安全的新疫苗（重组疫苗）问世，并占据更大市场份额时，传染病学研究（病例对照研究）是验证这种观点的唯一工具。过去很长时间，对IJS形成的风险度没有可行性的监测方法，更因为目前没有新疫苗进入市场，所以对这些疫苗形成肉瘤的发病率影响完全不知。研究者还需要分析新疫苗和目前已知的、对IJS形成有显著不同影响的其他注射药物之间有何差异，这些信息能够更好地指导执业兽医为畜主选择性提供疫苗，或要求疫苗厂商生产更安全的产品。1998年，美国兽医协会专门研究猫疫苗相关肉瘤的小组成立后，疫苗和其他注射药物的临床操作才有了改变。

本报告研究的目的是比较疫苗种类与其他注射药物在猫身上使用后形成肉瘤的关系；这反映了对过去公开报道的关于肉瘤形成与疫苗或其他注射药物暴露因素定义的细化，也是对可能导致错误分类的病例不必要推理的释义。同时允许对特定疫苗和注射类药物间对肉瘤形成的相对发病率进行评估研究，特别是将重组疫苗和灭活疫苗类型、MLV（改性活病毒疫苗）和灭活疫苗类型的相对发病率进行比较；同样对使用的其他注射药品之间肉瘤形成相对发病率也进行比较。

1 材料和方法

使用主治兽医提供的时空信息收集到了目前研究所需的疫苗、注射液、肿瘤资料。其方法包括使用肿瘤病理学诊断后不久录入数据库的前瞻性（与回顾性）病例（病例对照研究）。疫苗注射史主要依据精确的病历（一些畜主也许不愿透露别处的注射史）和对没有记载注射部位病历的可靠回忆。以下几类软组织肿瘤病例均包括在收集之列：纤维肉瘤、恶性纤维组织细胞瘤、黏液纤维肉瘤、低分化肉瘤、梭形细胞肉瘤、圆细胞肉瘤、肌纤维母细胞肉瘤、横纹肌肉瘤、平滑肌肉瘤、未定义肉瘤、未分化肉瘤。与软组织有关的肿瘤也包括：如骨肉瘤、软骨肉瘤、淋巴瘤。使用了绘有猫腹、背面观的坐标图，以更好引导主治兽医能标记出疫苗注射和肉瘤形成的精确部位。

根据曾经研究使用过的这些病例，将病例对照研究的定义进行细化，为便于我们的研究设计，把记载有注射疫苗和其他注射药物后，不少于 30d 和不多于 3 年内引发的猫肿瘤病例，都限定在坐标图肿瘤位置任何一侧 1 个网格内（坐标轴的每个网格相当于 7cm）。将传统的病例定义分为新的两类：源于宽大的背部肩胛间区的肉瘤定义为肩胛间软组织肿瘤病例；在左后肢部位、右后肢部位、臀部、腰部的肉瘤定义为宽大的后肢部位软组织肿瘤病例。

从动物参照病理学实验室（美国 ARUP 实验室）中选择病例组和对照组，设计了前瞻性病例对照研究，从 2005 年开始，每年两次用计算机对存入的病例进行尸检和活组织检查研究，对 2005 年 1 月 1 日—2008 年 12 月 31 日的肉瘤患猫病例组和对照组进行周期性确定。伴随活检标本，每次研究均获取了病例组和对照组的信息，也包括年龄、品种、性别、就诊信息。

从主治兽医保存的具体资料中，收集了肉瘤形成的信息，和与肉瘤形成相关的疫苗和其他药物三年注射史的信息；收集方法包括疫苗类型、注射药物种类、肿瘤史问卷调查；猫腹、背面观的坐标图以及商业用疫苗和其他医用产品的清单。将两个临床群体确定为本设计研究的对照组，把获取的同一时期其他病例选择为病例组。第 1 对照组群体（对照 1 组）由组织学确诊的、不是常规部位（头、耳、指部、下腹腹侧）疫苗注射发生的软组织肿瘤的猫病例（即推测不可能由疫苗注射造成的肉瘤病例）组成，第 2 对照组群体（对照 2 组）由活检样本组织学检查诊断为基底细胞瘤的猫病例组成（将基底细胞瘤的猫病例作为对照组，是因为诊断肉瘤和诊断 IJS 同样需要与畜主交流的原始病历以及麻醉、手术、活组织送检等程序；这些有可能造成对照组选择时发生偏差。另外，也没有公开证据显示：基底细胞瘤与肌内或皮下注射任何疫苗或其他化学注射药物有关）。第 3 对照组群体（对照 3 组）由对照 1 组和对照 2 组混合而成。

2 选用的统计方法

所有病例组和对照组的信息均编码输入到计算机商业软件程序（华盛顿雷蒙德微软公司 Excel 组件）。病例对照研究中，使用 X^2 检验法评估分析了 3 个疫苗种类组的对比数据：分别是狂犬病灭活疫苗和重组疫苗类型的使用频率；MLV 和灭活 FVRCP 疫苗类型的使用频率；FeLV 灭活疫苗和重组疫苗类型的使用频率。为取得每次统计效果，都用 1、2、3 年内注射的每类疫苗的次数，在 2 个注射部位，和病例组与 3 个对照组之一的每组进行比较。另外，用边缘齐性检验分别评估病例组和对照组的猫，以确定对零假设的任何一种相同类型的另外疫苗来说，它们在每次比较内是否或多或少注射过对照组的一种疫苗。病例组和基底细胞瘤对照组的非疫苗药物注射分布，则用方差的确切单尾 X^2 检验进行比较（供研究的注射药物在不能防止癌变的假设下）。这样，宽大的背部肩胛间区（包括肩胛肱骨部位）和后肢部位肉瘤的猫病例分析结果则会分别显示出来。

对当初样本量太小而建立的疫苗相关肉瘤形成危险度模型，使用了确切 logistic 回归方法，作为具有监测可能危险因子的功能而用。因为模型的不同，潜在的危险因子包括（肉瘤确诊前最早注射的疫苗）抗原分型、重组疫苗和灭活疫苗类型、佐剂和 MLV 疫苗，以及在 1、2、3 年前报告的肉瘤部位注射疫苗的累积次数。所有模型都因年龄而校正。通过计算机商业软件程序计算，作为病例对照研究的 OR（比值比）、95%CI（可信限）、P 值的结果被显示出来。$P \leqslant 0.05$ 被认为是差异显著。

3 结果

发给主治兽医的调查表收回率是 30%（总数 1 502，收回 447）。宽大的肩胛间区肉瘤猫（样本例数 $n = 90$）年龄均数（mean ± 标准差 SD）是 10.7 岁 ±3.2 岁 [中位数 median，11.0 岁（范围，2~17 岁）]，宽大的后肢部位肉瘤猫（$n = 91$）的年龄均数（mean ± SD）是 9.8±3.9 岁 [median，10.0 岁（范围，4~15 岁）]。对照 1 组猫（肿瘤在非疫苗注射部位，$n = 96$）的年龄均数（mean ± SD）是 10.5±3.6 岁 [median，10.2 岁（范围，2~20 岁）]；对照 2 组猫（基底细胞瘤，159）的是 11.1±3.9 岁 [median，11.0 岁（范围，2~20 岁）]；对照 3 组猫（所有对照组的猫，255）的是 10.9±3.7 岁 [median，11.0 岁（范围，2~20 岁）]。收回的 447 份问卷，243（54.4%）份有供分析的疫苗和注射部位详细信息；204 份（45.6%）则没有任何信息。宽大的肩胛间区肉瘤的 90 份病例中，47 份提供有疫苗和注射信息；后肢部位肉瘤的 91 份病例中，54 份有疫苗和注射信息；在非疫苗注射部位肉瘤的 96 份对照组病例中，44 份有疫苗和注射信息；159 份基底细胞瘤对照组病例中，96 份有疫苗和注射信息。

（1）宽大的肩胛间区病例组（疫苗）和对照组 X^2 检验分析

尽管在肩胛间区有疫苗注射史完整的病例样本数较少，但 1~3 年期间内注射狂犬病灭活疫苗和重组疫苗类型的使用频率，在该区肉瘤病例和所有使用的对照组之间，没有显著差异。有记录的肩胛间区肉瘤的 4 只猫曾使用过狂犬病灭活疫苗；3 例使用过狂犬病重组疫苗。在肩胛间区形成肉瘤前的 3 年内，2 例接受过含有 MLV FVRCP 成分的狂犬病联合重组疫苗；1 个病例注射过狂犬病重组疫苗的同时，在同天单独注射过 MLV 疫苗和 FVRCP 疫苗，均没有注射其他疫苗的记录。尽管在多于 3 年以前，基底细胞瘤的猫注射灭活疫苗的可能性比注射重组疫苗的可能性大（$P = 0.020$），但在肉瘤或基底细胞瘤形成前 2 年内，即没有病例组也没有对照组的猫可能使用过狂犬病灭活疫苗和重组疫苗类型，这也许反映了该时段很长以前重组疫苗有增加的趋势。在肩胛间区注射 MLV 疫苗和灭活 FVRCP 疫苗类型的整段时间以前，病例组和所有对照组猫之间使用疫苗的频率没有显著差异。在使用 MLV 疫苗和灭活 FVRCP 疫苗类型后，在肩胛间区观察到了肉瘤形成；1~3 年期间内，在肩胛间区注射灭活和 FeLV 重组疫苗类型的使用频率，在病例组和所有对照组之间也没有明显差异。

（2）宽大的肩胛间区个体病例描述

在肉瘤确诊前 3 年内，新近注射 MLV FVRCP 疫苗的 22 个病例中，13 个在 1（46%）、2（23%）、3 年（31%）时间内仅接受过 MLV FVRCP 疫苗（4 例含有活衣原体属，1 例含有灭活衣原体属），而 6 个在 1（50%）、2 年（50%）时间内至少注射过和另外一种灭活疫苗成分（衣原体属、FeLV 或狂犬病病毒）联合的 MLV FVRCP 疫苗，或注射过灭活疫苗（FVRCP、FeLV 或狂犬病病毒）。3 个在 0.5~2 年期间内的同一天接受过 MLV FVRCP 疫苗（有或无活衣原体属），也接种过狂犬病重组疫苗（在肿瘤确诊前的 3 年时间内，该 3 例猫没有记录在肩胛间区有另外的疫苗注射过）。

（3）宽大的肩胛间区病例组和对照组边缘齐性检验分析

病例组可能在肉瘤形成前注射过 MLV 和灭活 FVRCP 疫苗类型（肉瘤形成前 1 年注射的病例，$P = 0.099$；2 年的，$P = 0.006$；3 年的，$P = 0.001$）。对照 2 组的猫也很可能接受过 MLV 和灭活 FVRCP 疫苗类型（肉瘤形成前 1 年注射的病例，$P = 0.023$；2 年的，$P = 0.062$；3 年的，$P = 0.059$）；类似的是，对照 3 组也很可能注射过 MLV 和灭活 FVRCP 疫苗类型（肉瘤形成前 1 年注射的病例，$P = 0.006$；2 年的，$P = 0.021$；3 年的，$P = 0.022$）。

但均没有猫在肩胛间区接受过 FeLV 重组疫苗。尽管样本数较少（$n = 3$），仍然有注射过灭活 FeLV 疫苗的病例。所有对照组的猫很可能在 1~3 年时间内（3 年的 P 值分别是 0.003，0.001 和<0.001），在该注射部位接受过灭活和重组 FeLV 疫苗类型。

（4）宽大的肩胛间区病例组和对照组确切 logistic 回归分析

确切 logistic 回归分析（此分析据年龄进行校正），比较了确诊肿瘤前 1、2、3 年内注射涉及所有抗原分类的 3 个主要疫苗类型（灭活、重组、MLV），在肿瘤位置明确的病例组和没有显示注射疫苗明显不同的对照组之间，在宽大的肩胛间区的使用频率。

（5）宽大肩胛间区病例（非疫苗注射药物）评估分析

2005 年 1 月—2008 年 12 月，15 个病例猫在宽大的肩胛间区使用了其他注射药物，年龄在 7~16 岁。在宽大的肩胛间区有肉瘤的 15 个病例中，仅有 7 例注射过非疫苗的其他药物。该 7 个病例分别是：确诊前 1 月在肉瘤部位注射地塞米松的病例；确诊前 6 个月注射乳酸林格氏液病例；确诊前 5 个月到 4 年使用过 5 次甲基氢化泼尼松注射液病例；确诊前 1.3 年使用过头孢氨苄和复合维生素 B 病例；确诊前 8 个月注射醋酸曲安奈德病例；确诊前 8 个月注射甲基氢化泼尼松病例；确诊前 8.5 个月注射苄星青霉素 G 病例。

15 个病例中的另外 8 个，在肿瘤部位注射过疫苗和其他药品，这些医用产品是恩诺沙星、美洛昔康、林可霉素、甲基氢化泼尼松、苄星青霉素 G、复合维生素 B、乳酸林格氏液、强的松、布托啡诺、头孢氨苄、丁丙诺啡、阿莫西林、甲苯噻嗪、乙酰丙嗪、盐水（0.09%NaCl）溶液、氯胺酮、吡唑酮和微型芯片。在肉瘤形成前 1.2 年，在注射部位置入微型芯片的猫病例，也在肉瘤确诊前 2.4 年注射过灭活 FVRCP 疫苗。

病例组使用长效皮质类固醇注射液（地塞米松、甲基强的松龙、醋酸曲安奈德）的频率比对照组更高（$P=0.017$）。在肉瘤部位注射了甲基强的松龙的 2 个病例（1 个病例在肉瘤确诊前 141、538、816、975、1400d 注射了 5 次甲基强的松龙；另 1 个病例在确诊前 237d 注射了甲基强的松龙），在其部位没有注射疫苗。1 个病例在确诊前 1 个月注射了地塞米松，还有 1 例在确诊前 248d 注射了醋酸曲安奈德注射液（该 2 例在肉瘤部位没有注射疫苗）。

（6）宽大的后肢部位病例组和对照组 X^2 检验分析

比较狂犬病重组疫苗，宽大的后肢部位注射灭活狂犬病疫苗的频率更高。在 1 岁，病例组比所有对照组（$P=0.003$），后肢部位使用灭活狂犬病疫苗（$n=11$）的频率比狂犬病重组疫苗（$n=0$）的更高；2 岁，病例组比所有对照组（$P=0.003$），后肢部位使用灭活狂犬病疫苗（$n=14$）的频率比狂犬病重组疫苗（$n=0$）的更高；3 岁，病例组比较对照组（$P=0.011$），后肢部位使用灭活狂犬病疫苗（$n=19$）的频率比狂犬病重组疫苗（$n=1$）的也更高。在该段时间前和对照组相比，后肢部位使用 MLV 和灭活 FVRCP 疫苗类型的频率没有明显差别。使用 MLV 和灭活 FVRCP 疫苗类型后，在后肢部位观察到了肉瘤形成。在该段时间前和对照组相比，后肢部位使用灭活和 FeLV 重组疫苗类型的频率没有明显差别。有疫苗注射史的病例中，没有 1 个在后肢部位接受过 FeLV 重组疫苗，但有 5 个注射过灭活 FeLV 疫苗的病例。

（7）宽大的后肢部位个体病例描述

1 个病例尽管在肉瘤形成前差不多 5 年，在宽大的后肢部位注射过狂犬病重组疫苗，但狂犬病重组疫苗注射前 2.67 年，也在同样部位使用过灭活狂犬病疫苗。7 个病例虽然注射过 MLV FVRCP 疫苗，但只有 1 例在同样部位注射过该疫苗（肉瘤确诊前 2.4 年）而没有接受过其他疫苗；另外 4 个在肉瘤形成前 1 年内，接受过灭活 FeLV、灭活狂犬病疫苗，或此 2 种疫苗与 MLV FVRCP 疫苗一起使用；1 个病例在肉瘤形成前 1 年内，注射过 MLV FVRCP 疫苗，但也分别在 1 年和 2 年早期，在同一部位注射过灭活狂犬病疫苗和 FeLV 疫苗；1 个病例在肉瘤确诊前 2.3 年注射过灭活 FeLV 疫苗。

（8）宽大后肢部位病例组和对照组边缘齐性检验分析

所有病例组的猫在 1～3 年内（3 年的 P 值分别是 0.001、0.001、< 0.001），很可能在宽大后肢部位注射过灭活和重组狂犬病疫苗类型。分析比较，对照组使用灭活和重组狂犬病疫苗类型的频率，3 组之间的边缘齐性检验结果没有明显差异。有趣的是，尽管对照 3 组（对照 1 组和 2 组的混合）的猫很可能在 2 年（$P = 0.043$）和 3 年内（$P = 0.056$）接受过 MLV FVRCP 疫苗，但没有明显差异病例组的猫很可能注射过任何一种 FVRCP 疫苗。当然，病例组猫很可能在肉瘤形成前（肉瘤形成前 1 年的 P 值为 0.016；2 年，0.001；3 年，<0.001）注射过灭活和重组 FeLV 疫苗类型。所有对照组的猫在 1～3 年内（$P<0.016～P<0.001$），也很可能在该部位注射过灭活和重组 FeLV 疫苗类型。

（9）宽大后肢部位病例组和对照组确切 logistic 回归分析

比较宽大后肢部位肉瘤的病例组和 3 个对照组，确切的 logistic 回归分析（据年龄进行校正）结果显示出来：在肉瘤确诊前 1、2、3 年内有关是否使用灭活和 MLV 疫苗类型之间的频率没有显著不同；相反，在病例组猫使用狂犬病重组疫苗的频率比对照组明显更低。将非疫苗注射部位形成肉瘤的猫作为对照组，在确诊肉瘤前 1、2、3 年内，其优势比（ORs）分别是 0.1（95%CI，0.0～0.7；$P = 0.014$）、0.1（95%CI，0.0～0.4；$P = 0.001$）、0.1（95%CI，0.0～0.6；$P = 0.005$）。将基底细胞瘤的病例作为对照组，在确诊肉瘤前 1、2、3 年内，ORs 分别是 0.1（95%CI，0.0～0.4；$P = 0.001$）、0.1（95%CI，0.0～0.4；$P = 0.001$）、0.1（95%CI，0.0～0.6；$P = 0.001$）。使用混合对照组（对照 3 组），在确诊肉瘤前 1、2、3 年内，ORs 分别是 0.1（95%CI，0.0～0.4；$P = 0.001$）、0.1（95%CI，0.0～0.4；$P<0.001$）、0.1（95%CI，0.0～0.5；$P = 0.001$）。

（10）宽大的后肢部位病例（非疫苗注射药物）评估分析

2005 年 1 月—2008 年 12 月，8 个病例组猫在宽大的后肢部位使用了其他注射药物，猫的年龄在 7～15 岁之间。在该 8 个病例中，仅有 4 例注射过其他药物而没有接受过疫苗。此 4 例中，1 例在肉瘤确诊前 2 个月注射过布托啡诺、美托咪啶、氯胺酮；在肉瘤确诊前 6.5 个月，使用过恩诺沙星、布托啡诺；1 例在肉瘤确诊前 1 个月使用过强的松龙，在 1.1 岁前注射过苯氧甲基青霉素；1 例在确诊前 5 个月注射过苄星青霉素 G 注射液；1 例在确诊前 4 个月注射过吡喹酮。

8 个病例中的另外 4 例在肉瘤部位注射了其他药物和疫苗，药物包括乙酰丙嗪、盐水溶液、醋酸曲安奈德、阿莫西林、苄星青霉素 G 注射液、虱螨脲、丁丙诺啡、酮洛芬。后肢部位肉瘤确诊前 1 年使用过虱螨脲的病例组猫也在肉瘤形成前 1.6 年注射过灭活狂犬病疫苗。

4 讨论

目前的研究基于病例的时空细化定义和疫苗及其他注射药物有无暴露，比较了疫苗或其他注射药物引起 IJS 的危险程度。且通过病历中不可能精确记载部位、而用更多合理病例排查方法（即，该肉瘤可能由保留 30d 诱发期的疫苗注射引起）和确认的对照 1 组（即，在评估研究时确认没有注射疫苗但肉瘤形成的猫），获得了疫苗和其他注射药物的详细注射史时空信息（使用坐标图）。

目前的研究，注射部位形成肿瘤的 181 个病例中，仅有 101（56%）个曾报告注射过疫苗，使用过其他药物的报告病例数更少（23）。灭活疫苗和 MLV 疫苗之间的危险度在宽大的肩胛间区没有明显的差异，据此推断，尽管 FVRCP 疫苗不经常单独使用，但任何一种疫苗都可诱发注射部位肉瘤形成；与肩胛间区部位注射灭活 FVRCP 疫苗的结果相比较，MLV FVRCP 疫苗使用的频率更高。该研究结论解释了为什么在对照组也有同样的结果，这反映了兽医宁愿使用 MLV 疫苗，而不是其他风险更高的疫苗。虽然有 3 个病例在肉瘤确诊前 2 年，在宽大的肩胛间区注射过狂犬病重组疫苗，但也在该部位同时使用过 MLV FVRCP 疫苗，所以，狂犬病疫苗和 FeLV 疫苗之间的使用频率太低，不能作出两者危险度比较的有意义推断。

目前的研究中，从宽大的后肢部位使用过重组疫苗和灭活疫苗（狂犬病疫苗为主）的充足样本数，可以鉴别出病例组和对照组之间疫苗类型分布的差异显著。这些结果显示：和使用灭活疫苗相比，病例组猫始终很少注射重组疫苗。根据对照组和使用的时间点统计，logistic 回归分析的 ORs 是 0.1，95%CIs 范围是 0~0.4 和 0~0.7。根据后肢部位注射过狂犬病重组疫苗，也可能在相当于 2.7 年前的同一部位注射过灭活狂犬病疫苗形成肉瘤的病例判断，才能做出哪个疫苗很可能是导致单个猫病例肉瘤形成的定论。尽管对照组 MLV FVRCP 疫苗的使用比灭活 FVRCP 疫苗的使用频率更高，但在病例组猫中，观察到的该两类疫苗之间使用频率没有明显差异。据此支持了较早的结论：即尽管该两种疫苗都有风险，但灭活 FVRCP 疫苗的风险度更大。

在"疫苗种类的比较研究"（不含佐剂、脂质体佐剂、铝佐剂）一文中，Day 等发现，供研究的 45 只猫中没有 1 例最终形成肉瘤，但不含佐剂疫苗比含佐剂疫苗更少引起组织炎症；他们解释："如果组织炎症是间叶组织的瘤变的潜在诱因，那么这个作用也许与引起肉瘤的不同疫苗的危险度有关，现场流行病学研究可以验证该结论的真假"。目前的研究中，确定了时空方法进行统计，该研究的结果支持了由疫苗类型引起肉瘤具有差别风险（尽管不是零）的结论。

虽然在本研究中，与重组疫苗相关肉瘤病例组的样本数较小，但研究结论也显示重组疫苗不是没有风险。由载体（重组）疫苗造成的猫类似 IJS 病例，在 2008 和 2009 年间的英国也有报道。

尽管疫苗仍是 IJS 的主要原因，目前的研究结果也证实了其他注射药物可能是肉瘤的潜在诱因的早期结论。例如已有长效青霉素、虱螨脲、长效皮质类固醇与 IJS 形成有关的报道。也有犬和猫肉瘤形成与微芯片植入有关的报道；仔细评估这些报道后，笔者认为，很可能在这些注射部位也发生了免疫作用。LDM 的一位作者也在几例猫肉瘤病例中注意到了这种联系；但与一家公司单独出售的 2 500 多万微芯片相比较，此病例发生的概率是相当低的。

这是证实地塞米松、甲基强的松龙、醋酸曲安奈德等长效皮质类固醇药物可能是造成注射部位肉瘤潜在因素的第二个流行病学研究。尽管注射长效皮质类固醇药物的猫病例样本数较小，病历也没有明确记载在什么时候为这些猫注射过疫苗，所以进一步证实了其他注射药物也对刺激猫肉瘤形成有关的结论。

肉瘤形成与其他注射药物的关系很难研究，因为 IJS 在不注射疫苗的猫病例中极少见，且在美国家庭的多数猫有时在畜主的居住地接受保健兽医的疫苗注射。一项观察研究称，如果在猫幼龄注射疫苗，且癌变的潜伏时间有多年，就很难区分是疫苗的潜在影响还是其他药物的潜在影响。相反，因为很难判断肉瘤形成与其他注射药物之间有何关系，希望有更多样本数供实验研究。

评估非疫苗药物与注射部位肉瘤关系的最有效方法应放在无疫苗注射史的猫身上。当然，本研究依赖的是历史资料，所以存在该部位 3 年多前注射疫苗的可能，和从别处注射疫苗不愿告诉实情的可能。此外，主治兽医希望从猫病历获得信息，但可能仅从畜主回忆得知，缺少注射部位的真实资料，均可造成主观误判。如果疫苗和其他药物注射的回忆失误率与注射部位有无肉瘤之间没有显著性差异，那么，注射药物的作用也许会被低估。

目前的研究为疫苗类型的危险度差异提供了第一手的流行病学证据，但仍然有知识水平的局限性，且收回的调查表也比理想中的更少，导致了分析研究的样本数更小。另外，主治兽医不可能提供 3 年的完整疫苗注射史（如畜主可能在别处购买部分或全部疫苗），这些缺失的资料可能对数据分析统计的正确性有负面影响（本研究没做该项统计）。尽管没有证据证明资料没有随机丢失，但有疫苗注射史和没有疫苗注射史的差异性，也会影响研究结果。另一个研究的挑战是很多疫苗在同一部位经常同时注射，故很难确定肉瘤是哪个单个疫苗造成的。因为要做到前瞻性实验对罕见疾病进行分析研究，既不现实也不符合常理，所以多个疫苗注射的问题几乎无法解决。

当然，目前研究的重组类疫苗比灭活疫苗具有更小引发肉瘤的潜在因素的初步证据，肯定会由在易感个体中疫苗有风险的定论所纠正。进一步的研究则显示，经过一段较长时间后，就要对诊断有疫苗相关肉瘤的病例数和使用疫苗偏爱性趋势之间的关系进行评估。尽管病例组猫的样本数较小，但目前的结论却提供了确凿的证据：长效皮质类固醇药物仍然是猫 IJS 的潜在诱因。本研究的结论应该是可靠的：即医疗产品的使用与肉瘤的实际发病率似乎没有关系，它们造成肉瘤的倾向性很小。

译自：A. Srivastav, P. H. Kass, L. D. McGill, et al. Comparative vaccine-specific and other injectable-specific risks of injection-site sarcomas in cats [J]. Journal of the American Veterinary Medical Association, 2012, 241: 595-602.

译文载于：《养殖与饲料》, 2016 年第 8 期。

试管小鸡

　　成为首要问题的是：鸡或卵也许要失去它们的某种意义。一位科学家已经研究了如何生产没有自身蛋壳的小鸡。Nature 杂志报道，这项研究初次表明：任何恒温动物，它的初次受精细胞均能在实验室中生长成完整的新生动物，而不需要母体的参加。根据在爱丁堡联合王国的粮农研究委员会科学家 M. Mperry 的目的：是为了研究小鸡的每天胚胎发育情况，以便熟练地利用遗传学。在这个过程中，产生的公鸡和母鸡除初期发育阶段外，其他时期都拍了照片。受精卵是利用采自洛岛红公鸡的精子和繁殖母鸡人工授精而成的。当卵子受精，形成蛋壳之前，便将母鸡宰杀取出受精卵移植到一个密封的装满营养液的玻璃罐中。正常情况下，需要 22 天的时间，小鸡才能孵化出来。而在实验室里，这个过程被分为仔细控制的三个阶段：第一阶段，即卵子取出后的第一天是在玻璃罐中度过，好像已经进入了自然界；小鸡的最后两个胚胎阶段是在被借的蛋壳中度过。Perry 先生解释：这种蛋壳提供了一个所需气体能够渗透的环境，进而，这个蛋壳还将给胚胎补充发育所需要的钙质。此外，还要供给一种用 3 份新鲜蛋白和 2 份含盐溶液配制的流汁培养基。许多胚胎在这个过程中死亡。据报道，有 2 只健康小鸡在这个实验室中产生。这位科学家说：一个重要的目的，是增加外来基因到胚胎里，以便观察置入的遗传物质在小鸡体内存活，以及功能表现得如何。

　　译自：Test Tube Chickens ［N］. The New York Times. 1988-1-12.
　　译文载于：《家禽辑要》，1989 年第 1 期。

美国实施增加项目减少样品的新兽药残留监控计划

美国农业部食品安全检验局（FSIS）的官员 2012 年 7 月宣布了一种代替目前用来检测违规兽药如抗生素和抗消炎药物残留的新方法，达到了美国农业部期望开发项目更多、实验程序更有效检测肉类和蛋制品中兽药残留方法的目的。

该官员说："过去，FSIS 每次收集 300 头牛的 300 个样品，寻找一种残留物，采用新方法，一个样品可检测多达 55 种化学农药、9 种抗生素、各种金属甚至 50 多种其他化学药品的残留物"。"也就是说，使用几个多残留检测方法，FSIS 就能检测每个样品的更多成分"。2012 年 7 月 6 日，美国《联邦公报》发布通告，此计划将在 30d 内实施。通告说；美国以前的国家残留监控计划（NRP）由计划抽样、检查抽样、进口抽样组成，从 2006 年起，为检测每种生产类别对应的每类化学物质的残留物，计划抽样要扩大到 230 个或 300 个动物来采样，例如，FSIS 采集了 1 200 个小母牛的样品，以检测抗生素、氯化碳氢化合物、β 肾上腺受体激动剂、磺胺类药物的残留。

2012 年 8 月早些时候。FSIS 打算用 3 级抽样方法代替过去的计划。1 级和 2 级抽样类似原有的计划抽样和检查抽样；3 级抽样以种群为目标进行检测；进口抽样使用 1 级和 2 级抽样模式。通告说，FSIS 宁愿用 12 种多残留检测方法检测 6 400 个动物样品。也不愿每年为计划抽样而采集 20 000 个动物样品，FSIS 希望能尽快采集到屠宰场检验员疑似违规兽药的动物样品。通告称："多年来，美国国家兽药残留监控计划使用检测肉类和蛋制品中兽药残留物的方法工作艰辛、价格昂贵且耗时，结果，在食品送达市场销售前样品有时很难及时检查"。"这种更具操作性的现代分析方法在缩短样品流转时间的同时，降低了成本、提高了准确性"。

译自：New residue tests expand screening, reduce sampling［J］. Journal of the American Veterinary Medical Associatiorl，2012，241：542.

译文载于：《中国职业兽医网》，2013 年 9 月 17 日。

6 例马的肝叶破裂报告

摘 要 病例描述：4 家转诊病院在 21 年间收治的 6 个马肝叶破裂病例；临床所见：表现为非特征性的炎症症状，两匹马因绞痛转诊入院；两匹马因腹膜炎治疗无效转入；另两匹马因食欲不振、昏睡和消瘦等非特征性症状入院治疗。实验室诊断肝酶活性指数正常或偶尔增加，多数病例有明显的有核细胞数增多；治疗及结果：5 匹马腹腔内镜探查后实施了肝叶切除。3 匹马术后恢复出院；临床意义：因临床症状和实验室诊断没有特异性，肝叶破裂不易诊断。但多数病例有明显的腹水异常，据此诊断不难，早期手术治疗预后良好。

关键词 马肝叶；破裂；病例

1 病例

1.1 1号马

3 岁龄的帕路斯小雄马因食欲不振、轻度沉郁和血象异常 2d 后转诊入院检查。当地兽医提供的检查指标表明：肛温正常、持续性心动过速（68~84 次/min）、间隙性呼吸急促（达到 24 次/min）和出现尿变色。提供的全血细胞计数（CBC）为白细胞 9 360cells/μL（参照值 5 500~12 000cells/μL）、中性细胞 4 960cells/μL（参照值 3 000~7 000cells/μL），指标均在参考值范围内，但不成熟的不分叶中性细胞明显增加（1 123cells/μL，正常值为<100cells/μL）。当地兽医采样：血浆肌酐浓度增高（2.5~3.7mg/dL，参考值 0.8~2.2mg/dL），电解质中度异常；尿液分析试纸表明：血尿和血蛋白呈强阳性、尿 pH6.0、比重 1.025。给予了小雄马普鲁卡因青毒素（22 000 U/kg［10 000 U/磅］，每 12h 肌注 1 次）、氟尼辛葡甲胺（1.1mg/kg［0.5mg/磅］，每 12h 静注 1 次）和静注液体治疗 2d，状况不佳，建议转院

治疗。

转院后检查：小雄马心动过速（92次/min）、呼吸急促（24次/min），但肛温摄氏37.3℃（华氏99.2°F），在正常值；病畜精神沉郁、表现安静。其他检查所见：可视黏膜充血、肢体凉、肠音弱、轻度脱水。直肠触摸腹部，未发现异常；插入胃管没有逆流物。血细胞计数（CBC）和血液生化分析显示：白细胞7 280calls/μL，杆状核中性粒细胞5%，分叶核中性粒细胞56%，血蛋白浓度4.3g/dL，血浆肌酐浓度4.7mg/dL。

由于内窥镜结构设计的原因，膀胱镜检查未发现明显异常；血液学检查红细胞稍增加（20～30RBCs/hpf［高倍视野］，正常值0～8RBCs/hpf）；尿分析指数在正常范围，尿比重1.018，尿液化学试纸检测和电解质排泄分数均在正常值。腹腔B超检查显示：有中等量的液体，没有其他异常现象；胸腔B超无异常；腹部穿刺术获取的腹水有浆液血性液；细胞学检查有核细胞数增加（24 500cells/μL，参考值5 000cells/μL），红细胞数为665 000RBCs/μL（相当于红细胞压缩容积PCV的4%），总蛋白浓度3.0g/dL（参考值<2.5g/dL），有核细胞多为嗜中性粒细胞，这些和化脓性炎症的表现一致。腹水培养未发现微生物生长。对小雄马给予广谱抗菌药物青霉素钾（22 000U/kg，每6h静注1次）、庆大毒素（6.6mg/kg［3mg/磅］，每24h静注1次）、甲硝唑（15mg/kg［6.8mg/磅］，每8h口服1次）、氟尼辛（0.25mg/kg［0.11mg/磅］，每8h静注1次）和多离子溶液（每小时静注4mL/kg/h［1.8mL/磅］）治疗。因转诊病院处于高海拔地区，该小雄马在2d内尽管心跳持续加快（72～94次/min），呼吸稍急促，但不发热，表现安静。再次检查血液生化分析：血清肌酐浓度降低、蛋白和白蛋白浓度下降。腹腔和胸腔B超检查：胸腔腹水为中等量，和以前的指标一样，而在腹腔的腹水液体体积明显增加；腹腔上部可见直径10～15cm的混合回声团块，团块形成原因不能确定。再次腹腔穿刺，腹水中红细胞数有些许增加（2 410 000RBCs/μL；PCV10%），凝血酶原时间在参考值范围内（18.1s，正常值10～20s），但部分促凝血酶原激酶时间（>60s，参考值<59.0s）和纤维蛋白降解产物浓度（10～40μg/mL，参考值<10μg/mL）有增加；静脉血pH在正常范围（7.4），静脉全血乳酸值有所增加（3.6mmol/L，正常参考值<1.5mmol/L），其他细胞学检查结果没有多大改变。

因转院后症状改善不大且有腹腔浓毒血症，实施了剖腹术。术前，先从胸腔抽出22L的浆液血液，它的PCV和总血蛋白浓度分别是4%和2.0g/dL。剖腹进入腹部时明显见到大量的浆液血液、有组织坏死的恶臭味、大小肠出现漫弥性变红和肠系膜出血。用手触摸，肝左叶在腹水中处于游离状态且漂浮，肝叶的基部破裂。受损的肝脏呈灰色或褐色、表面粗糙、触摸易碎，破裂的肝叶容易复位。

为方便进入，腹部切口扩展到剑状软骨，并做了大结肠外置造口术，使得在原来的切口水平面易放入可重复使用的吻合器，一排缝钉放置在破裂肝叶的水平面。另一排平行放置在远离肝脏其余部位最初的 2~4cm 处，然后用梅奥弯剪刀沿着缝合器的关节处切除两排缝钉间受损的肝叶，关闭腹腔。剖腹检查未发现其他异常，横切的肝脏残端无明显出血，腹壁用 0.9% 生理盐水足量冲洗后常规缝合。在术中，静注 2L（20U/L）肝素抗凝血浆，在术后立即静注抗鼠伤害沙门氏菌的商业用抗内毒素抗体（1.5mL/kg[0.7mL/磅]）。切割的肝脏病理组织学检查：在病变较轻的区域有严重的自溶结构，呈现完全损失的细胞碎片和正常组织结构的化脓性坏死肝炎症状，肝窦阻塞有炎性细胞浸润。

因麻醉后不易恢复，该小雄马的病情迅速恶化，在术后 3.5h 后死去。病理大体所见：有浆液血性腹水、胸水，中度到明显的出血性肠炎症状；有持续扩散的血管内凝血症状。组织学检查有出血性肠炎和伴有浆膜下血管炎和血栓形成的结肠炎，有明显的肺充血和伴随全身性严重的炎症病变。尸检采集的肺组织培养可见中度的大肠杆菌、绿脓杆菌和鲍曼不动肝菌等生长。病理大体和组织学病变可能与严重的革兰氏阴性血脓毒症和内毒素休克有关。

1.2　2 号马

7 岁的夸特骟马因严重的急性绞痛 18h 来转诊治疗。当地兽医在接诊早上胃管抽取 8L 的回流液提供的 CBC 检查为中度贫血：白细胞数 7 300cells/dL、分叶核中性粒细胞 79%、红细胞压缩容积（pcv）26%。转诊后，骟马静注镇静剂赛拉嗪（0.32mg/kg[0.15mg/磅]），表现安静、心跳 42 次/min、呼吸 16 次/min，均在正常范围；肛温较低（36.5℃[97.7°F]）。直肠触摸和腹部 B 超检查所见无异常。转诊后的血液生化分析显示：蛋白浓度 5.1g/dL，GGT 20u/L，血浆肌酐浓度 1.6mg/dL，ALP 127u/L。腹腔穿刺的液体呈严重的浆液血性腹水。刚放回马厩就表现为腹部不适。入院后 3h 即实施剖腹探查术，诊断为左肝叶破裂。起初的切口从尾部 20cm 开始到剑状软骨处，长度 30cm，肝破裂诊断清楚后，切口向背腹部扩展了 15cm。为使受损肝叶能复位，在受损肝叶的最基部使用可重复使用吻合器。用梅奥剪刀切开位于两排缝钉间的肝叶。腹腔其他器官均在正常位置。在切开的部位未见出血现象。该骟马术后顺利恢复。围手术期治疗使用了广谱抗菌药青霉素钾（22 000 单位/kg，每 6h 静注 1 次）、庆大霉素（6.6mg/kg，每 24h 静注 1 次）、甲硝唑（15mg/kg，每 8h 口服 1 次）、氟尼辛（1.1mg/kg，每 12h 静注 1 次）和静注多离子溶液（4mL/kg/h）治疗。

根据术后症状和 B 超所见，该骟马发展为腹内出血，PCV 指标降低。出血肯定来自切除肝叶的部位，随即输血 6L。住院第 3 天，根据血清肌酐浓度和等渗尿增高（4.5mg/dL）的指标诊断为肾衰竭，继而减少了氟尼辛葡甲胺的用量（0.5mg/kg［0.23mg/磅］，每 12h 静注 1 次）。用恩诺沙星（7.5mg/kg［3.4mg/磅］，每 12h 静注 1 次）代替庆大霉素。住院第 7 天，该骟马因对改用氯霉素（50mg/kg［23mg/磅］，每 8h 口服 1 次）有反应，出现无名发热；之后病情稳定，在第 16 天出院。出院 12 个月后，骟马因处置牙齿再来就诊，畜主称：已能参加比赛，没有进一步的腹痛发作。

1.3 3 号马

12 岁的夸特骟马有急性腹痛史，当地兽医检查：表现安静，体征、直肠检查和 CBC 的结果均在正常范围。血液生化分析仅有肌酸激酶活性（558μ/L）和肌酐浓度（2.2mg/dL）轻度增高。腹水分析表明：有核细胞数在正常值（952cells/μL），总蛋白浓度稍高（2.6g/dL）。转院 24h 后，骟马虽没有明显的腹痛症状，但表现为发热（39.4℃［103°F］）、心动过速（66 次/min），处于昏睡状。再次实施腹腔穿刺术，腹水有明显的有核细胞增多（153000cells/μL）和总蛋白浓度增加（6.0g/dL）。多数细胞为非退化的中性粒细胞（93%），且带罕见的杆状细胞。

入院后 24h 即实施剖腹探查术诊断为肝叶破裂，受损的肝叶呈带有不规则轮廓的黑色；确诊肝叶破裂后，为方便放置可重复使用吻合器，腹部切口向前扩展到剑状软骨，使用梅奥剪刀顺着吻合器锋利地将受损肝叶切除。术中放置腹腔引流，术后 36h 取出。围手术期，该马静注青毒素钾（22 000U/kg，每 6h1 次）、庆大霉素（6.6mg/kg，每 24h1 次）和口服甲哨唑（15mg/kg，每 8h1 次），第六天出院，恢复良好。切除的肝组织培养有梭菌生长。出院后随访得知，病畜在初次手术 4 年后因复发绞痛，又施行腹部探查术，有肝、结肠和网膜间的纤维粘连，人工分离粘连后切除网膜，在第 1 次术后 7.5 年（即第 2 次手术后 3.5 年）因腹绞痛使用药物治疗无效死亡。尸检：右肝叶腹壁和十二指肠有粘连；病检组织有轻到重度多病灶的肝脏小叶中心性纤维化现象。

1.4 4 号马

14 岁的夸特母马因消瘦、厌食、心动过速、白细胞增多达 2 周而转诊入院。入院后体查：心动过速（72 次/min）、呼吸急促（32 次/min）、体温低（36.2℃ ［97.1°F］）和可视黏膜带有内毒素痕迹的苍白色症状。临床诊断为轻度到中度脱水；CBC 和血液生化指数：白细胞数 13 400cells/μL，分叶核嗜中性粒细胞 69%，杆状嗜中性粒细胞 19%，总蛋白浓度 7.3g/dL，GGT144U/L，血浆肌酐浓度 2.9mg/dL。腹水检查：有核细胞增加（231 000cells/μL），多数为退化的中性粒细胞（97%），血蛋白浓度增高（6.6g/dL）。根据临床检查、腹水结果并考虑经济成本，最后放弃治疗死亡。尸检为右肝叶破裂。病检发现有阻塞性坏死和胆管恶变。

1.5 5 号马

12 岁的纯种母赛马，转院前 2d 由当地兽医诊断为腹膜炎，使用青霉素钾（30 000U/kg，［13 600U/磅］，每 8h 静注 1 次）、庆大霉素（2.2mg/kg［1.0mg/磅］，每 8h 静注 1 次）、甲硝唑（15mg/kg，每 8h 口服 1 次）和保泰松（2.2mg/kg，每 12h 口服 1 次）进行治疗无效。转诊入院后，母马心动过速（66 次/min），但体温正常（37.8℃ ［100°F］），CBC 和血液生化指标显示；腹水呈红褐色的混浊状，有核细胞数（576 695cells/μL）和蛋白浓度（4.6g/dL）均增高。转院第 3 天，母马病情没有改善。取站立保定行侧面腹腔镜检查，发现小肠和腹膜的浆膜表面有少量纤维沉着；第 4 天，在脐前正中线做 35cm 的切口实施剖腹探测术，诊断为左肝叶破裂，在前腹部的胃、肝之间有多处粘连，盲肠在盲结肠褶皱处粘连到结肠。撕开粘连，肝左叶破裂，呈黑色，肝囊由纤维覆盖。穿过扭转的肝叶基部放置可重复使用的吻合器马上缝合，然后病变肝叶被锋利横切取出，在闭腹前使用腹腔引流管，48h 后取出。母马术后恢复良好。然而住院第六天，绞痛复发，第十二天死亡。切割肝叶病理组织学检查有凝固性坏死和纤维化阻塞。尸检：结肠病理大体与结肠炎一致。

1.6 6 号马

16 岁的帕索菲诺斯（秘鲁）骟马，在入院前 1d 由当地兽医诊断为腹膜炎，提供的腹水检查结果为有核细胞增加（120 000cells/μL），主要是退化的中性粒细胞（99%），且血蛋白浓度增高（7.0g/dL）。转诊入院后的腹部B超显示：在前腹部有直径10~15cm的高回声团块。静脉注射抗菌素氨卡西林（10mg/kg［4.5mg/磅］，12h1次）和庆大霉素（2.2mg/kg，8h1次）治疗无效。住院第三天，取仰卧位保定，在麻醉后实施腹腔镜探查，见有扩展到大结肠粘连的左肝叶破裂，然后实施从后腹部开始、止于剑状软骨正中线切口的剖腹手术，钝性切开粘连，穿过扭转的肝叶基部放置可重复使用的吻合器马上切除。术中超声被使用，以保证吻合器在切割组织时避开大血管，然后将肝叶横切取出。15d后出院，骟马恢复良好。然而六个月后复发绞痛死亡。没做进一步的尸检。

2 讨论

兽医临床上，肝叶破裂常发生在犬身上；马较罕见，曾报道过2例（14岁的阿拉伯骟马和4岁的比利时母马）。肝叶破裂在实验动物（鼠、兔、小白鼠）以及猫、水獭和猪身上也有描述。人体有肝叶破裂的很多病例报道，多数涉及附肝叶。马的肝脏由于腹腔其他器官的挤压，靠6条韧带固定到横隔膜和腹壁上。在人体，吸附的韧带先天性缺乏、易裂、易拉伤，经常发生肝叶破裂。马的左右肝叶的背侧边缘被牢固连接到横隔膜，只在胃肠膨胀时可能在狭小的腹腔扭转变位。在该文报道的马病例中，尽管手术和尸检中没有明显看到，但韧带异常也许是肝叶破裂的原因。家养动物中，肝叶破裂偶尔与胃膨胀扭转、肝脓肿、肿瘤团块、创伤有关。多数病例的发病原因不明。1号马尸检报告确诊的胆管癌变可能引起了肝破裂。在早期的报告中，大型犬似乎容易发生。本6例报告中的3个病例和以前报道的1个病例的马均为左侧肝叶破裂。在后期的报告中，左肝叶破裂的情况较少。本报道中的一个病例和早期报道的4岁比利时母马可能是整个左肝叶破裂。

肝破裂的动物出现严重的虚弱、苍白甚至休克等临床症状。一些病例中，由于脓毒性或低血容性休克，进而出现肝坏死而发生死亡。犬一般有昏睡、沉郁、厌食、多尿、烦渴甚至呕吐的病史，体检常见虚弱、斜靠、发热、心动过速、呼吸急促、低血容以及腹胀等非特征性症状，前腹部触诊疼痛不明显。其他类动物的临床症状也相似。一些动物在出现急性、非特异性恶化症状后，病程经常是慢性的（达数天）。曾报道的14岁阿拉伯骟马，就因中度腹痛、沉郁或厌食而转诊；4 岁的比利时母马因厌食和无名发热而转诊。本报告中的 2 例因腹部不适而转院，其他 4 例只有严重炎症过程，而没有特异性症状。

患有肝破裂动物的血液学和血清学生化分析有宽泛的可变量和非特异性指标，尽管外周血白细胞数（WBC）有增加、降低或正常，但白细胞像的变化通常和严重的炎症一致。在 13 只犬的肝破裂报告中，成熟的中性粒细胞和白细胞增多是最常见的血象异常，但也有杆状嗜中性粒细胞增多的情况。犬的多数病例中，有肝细胞坏死或酶漏出而出现活性酶增加的报道；也曾报道活性酶增加与胆汁淤积的症状一致。在 14 岁的阿拉伯骟马病例中，有山梨醇脱氢酶抗体活性增强，而 ALP（碱性磷酸酶）、GGT（谷氨酰转肽酶）以及天冬氨酸转氨酶却表现正常，在肝叶切除后活性酶又迅速转到正常值的情况。本报道的病例和曾报道的 4 岁比利时母马病例中，肝脏活性酶或正常或偏高，但例外的是诊断为胆管癌变的母马病例，反映出 GGT 和 ACP 均显著增高。许多马的病例中，尽管和厌食症状相混淆，但肝叶破裂病例的总胆红素浓度始终偏高。和报道中的 1 号马一样，在肝破裂的犬身上经常有凝血障碍的明显病理症状。

肝破裂的动物，常带有蛋白浓度增高的浆液血性腹水。而肝脏内红细胞渗出继而出现静脉阻塞、被动充血以及静脉压增高可能是血性腹腔积液的原因。一些动物身上，不正常的止血措施继发严重的炎症反应也可造成血腹。1 号马胸腹腔类似特征的腹水可能由凝血障碍造成。在本报道的病例中，就出血造成腹水的白细胞数仅仅超标而言，与腹膜炎出现的症状相同。报道中所有病例马腹腔穿刺液的标本中均有中到重度有核细胞数的增多。

14 岁阿拉伯骟马病例中，腹水样本中观察到细胞内和外有细菌存在。犬病例也有类似的发现。正常的犬身上，可能因为从小肠转移到门静脉的原因，在肝脏中常见到细菌；类似现象在正常的马身上也可能发生。同样的道理，在正常的牛肝脏有梭菌，在正常马肝脏也有梭菌存在。一般认为，在犬身上因梭菌过度生长繁殖，造成肝叶破裂后会出现组织缺氧和坏死，这些细菌及它们的毒素存在，可能是造成炎症症状明显的原因。在本报道中的马病例也许是同样的道理。

在动物和人类医学上，X 光透照、B 超、CT、核磁共振等腹部影像提供了肝破裂的诊断依据。犬肝叶破裂的 X 光照一般会显示前腹部有表明坏死、产气微生物、腹水溢出存在的团块。肝破裂的 B 超可见：血流明显降低、血管阻塞、肝实质和腹水的低回声以及腹水积液，这些都是肝破裂的症状。

超声检查显示：报告中 2 个病例的前腹部出现伴有混合回音的团块，另外的病例和 2 个以前的病例的 B 超结果或未报告、或在正常范围。和曾报道的 4 岁比利时母马病例描述的一样，本报道中的 1 匹马肝叶破裂的术中影像就有其诊断价值。马的肝破裂 B 超诊断受机器小窗口的限制，对单个肝叶很难确诊，特别是左肝叶的腹腔部分受消化道影响其影像很模糊。所以在取站立保定的 1 号马进行腹腔镜检查就没有意义；仰卧位保定的马进行腹腔镜检查有诊断和确定切口部位的作用。

报道中的 5 匹马利用可重复使用的吻合器做了肝叶切除术，此技术在14 岁的阿拉伯骟马病例中也有描述。它在回顾性犬肝破裂病例中是常用的技术。肝切除的术中出血是一个潜在威胁生命的复杂过程，该吻合器有提供肝血管和组织止血的作用。力确刀（切割闭合系统）和超声刀技术已能在人体的肝切除术中应用，也可在马身上应用。

本文每个病例的马没有出现剧烈绞痛症状，但腹水均有异常，多数有明显的有核细胞数增多；对持续性腹痛没能确诊的两个病例实施了剖腹术；对药物治疗无效的 3 个病例做了腹部手术探查，因此认为马肝叶破裂在临床上经常是不具特征性的炎症性症状，有急性也有慢性，实验室结果也不具特征性，仅有肝酶活性偶尔增加，因此诊断很难。根据本文系列病例，有腹膜炎症状而给予腹膜炎药物治疗无效的病例应考虑肝破裂，据此诊断不难。早期手术治疗预后良好。

译自：B. S. Tennent - Brown，M. C. Mudge，J. Hardy，et al. Liver lobe torsion in six horses ［J］. Journal of the American Veterinary Medical Association，2012，241：615-620.

译文载于：《畜禽业》，2013 年第 12 期。

奶牛十二指肠乙状弯曲扭转造成梗阻的 29 例报告

摘 要 目的：探究奶牛十二指肠乙状弯曲扭转（DSFV）的临床特点，以评估手术的临床预后。设计：回顾性病例系列研究。评估动物：29头荷斯坦奶牛（28头奶牛，1头奶公牛）。过程：利用搜集的病例分析病史、特征描述、临床症状、治疗经过、术中所见以及结果。结果：对 2006年 12 月至 2010 年 8 月间 29 头患有十二指肠乙状弯曲扭转奶牛的评估研究，有 20 头奶牛在最初评估前 1 天到两年做过网膜固定术或幽门固定术，奶牛右侧腹壁第 10 和 12 肋间区域和背部听诊与叩诊时有"钢管音"，伴有心动过速、轻度脱水、无发热、血液生化指标有严重低血钾（均数 mean±标准差 SD, 2.9 ± 0.5 mmol/L；中位数 median, 3.1mmol/L；全距 range, 2.08 ~ 3.92mmol/L）、低血氯（均数 mean, 69.7 ± 11.1 mmol/L；中位数 median, 71.1mmol/L；全距 range, 49.1~94.1mmol/L）、代谢性碱中毒（均数 mean total CO_2, 44.5 ± 7.4 mmol/L；中位数 median, 45.3mmol/L；全距 range, 31.5~59.6mmol/L）和高胆红素血症（均数 mean, 32.4 ± 29.0 μmol/L；中位数 median, 20.5μmol/L；全距 range, 7.8~107μmol/L）。术中所见包括紧靠背部而变位的空的十二指肠后段和鼓气的十二指肠前段，以及紧紧缠绕在十二指肠乙状弯曲部而肿胀的皱胃和胆管。按压十二指肠前段，如果后段仍有胀气，可成功人工整复。评估中，22 头奶牛成功治愈，7 头在术后 4d 内死亡。结论及临床意义：临床上该病与奶牛皱胃扭转（AV）的症状十分相似，当在右侧背部的病灶区听到"钢管音"，并有严重的低血钾、低血氯、胆红素浓度增高且有皱胃固定术病史者，则基本能够诊断为十二指肠乙状弯曲扭转。手术整复后，临床预后良好。

关键词 奶牛；梗阻；报告

反刍动物的十二指肠，因其不断膨大的长度和蠕动的特性，在腹部具有特殊的解剖结构。从幽门开始的十二指肠前段向背部返回之前在肝脏处形成乙状弯曲结构，然后变成下沉的十二指肠后部。十二指肠乙状弯曲由大网膜（后段）和小网膜（前段）双层牵拉连接。一般情况下，奶牛近端十二指肠梗阻不易发生，曾报道有功能性狭窄或肝脓肿造成十二指肠前段在腹腔粘连、进而出现粪石和毛石的病例。还有胆囊挤压造成梗阻的一例报道。

在回顾性研究中，和奶牛皱胃扭转相比，自发出现的近端十二指肠扭转造成的梗阻，明显不同于因新陈代谢改变而造成的梗阻，由低氯性代谢中毒造成的十二指肠梗阻更严重。最近，我们已经确诊了一个类似于皱胃扭转，却是十二指肠乙状弯曲扭转的病例，该文的目的是研究十二指肠乙状弯曲扭转的特点，以评估手术的临床预后。

1 材料和方法

1.1 病例选择

评估的档案资料来自加拿大蒙特利尔大学兽医教学医院和蒙特利尔大学门诊部 2000 年 1 月—2010 年 8 月间在术中发现有十二指肠乙状弯曲扭转奶牛的病例，主要是搜索了有十二指肠膨胀、扭转和梗阻病例的临床预后、手术报告和发给主治兽医的信件等资料。

1.2 病例调查

获得的资料包括奶牛年龄、品种、性别、泌乳天数以及怀孕情况，另外还有临床症状、病期、体查、血气或血液生化分析、医学成像、术中所见和痊愈率等信息。对患畜资料、血液生化分析结果和液体治疗量等数据，用描述统计（均数 mean±标准差 SD，中位数 median 和全距 range）方法进行了计算。

1.3 结果

成活率按照从兽医教学医院的出院数以及仍在牧场的（由门诊服务治疗）奶牛数量与患有十二指肠乙状弯曲扭转奶牛总数的比值得来，使用 Fisher 精确检验法比较了兽医教学医院和在牧场治疗的奶牛的成活率。在手术 3 个月后通过与畜主的标准化问卷、电话等获知了奶牛是否仍在牧场、术后生产情况（包括奶量、产犊数以及排卵和射精数）、从牧场消失的原因和死检报告等随访资料。

2　结论

未发现 2006 年 12 月以前此病的记录，但收集到了从 2006 年 12 月—2010 年 8 月在 28 个牧场患有十二指肠乙状弯曲扭转的 29 头荷斯坦奶牛的资料，包括 28 头母牛和 1 头奶公牛。其中 19 头在兽医教学医院治疗，10 头在牧场由门诊部跟踪治疗。评估牛的平均年龄是 4.5 岁（中数 median 为 5 岁，全距 range 为 2~8 岁），产奶母牛（样本例数 $n=24$ 头）的泌乳期平均 80d（中数 median 为 60d，全距 range 为 1~300d 的泌乳期）；4 只奶牛不在泌乳期（其中 3 只因产犊不到 2 周而随访评估）。16 头奶牛在畜主发现其食欲不振、精神沉郁、急性腹痛、便少时 1d 内来就诊；9 头牛在出现临床症状 3d 内检查；4 头牛在 4d 或 4d 后就诊。体征检查：体温不高（均数 mean38.4℃，［华氏 101.12°F］；全距 range 为 37.6~39.3℃，［华氏 99.68~102.74°F］），但心动过速（103 次/min，全距 range 为 68~160 次/min），多数牛中度脱水（5%~7%［样本例数 $n=8$］，>7%~10%［样本例数 $n=8$］，或>10%~12%［样本例数 $n=5$］）。26 头直肠内无粪便。24 头牛在右侧腹壁第 10 和 12 肋间区域和背部位置听诊结合叩诊时听到"钢管音"，其中 17 头牛的叩诊声音与连续摇晃身体一致，好像是体液喷出的声音；患牛血液生化分析均出现严重的低氯低钾性碱中毒，胆汁淤积和肝细胞受损严重等现象。术前做过超声检查的奶牛中（样本例数 $n=11$），8 个可见胆囊增大（总长度达 5cm），9 头奶牛中十二指肠有 1~2 个膨大的空隙（直径>6cm），所有奶牛 B 超中均见到明显的皱胃膨胀症状。

评估的资料中，20 头奶牛曾在 1d 到两年前（均数 mean 为 243±237d；中数 median 为 150d）进行过网膜固定术（样本例数 $n=19$）和幽门固定术（样本例数 $n=1$）；5 头奶牛在十二指肠乙状弯曲扭转手术前 3d 内做过上述固定术；15 头奶牛至少 6 个月前做过固定术，这些固定术均采用锐性或钝性肌肉分离，以便清楚观察十二指肠前段和乙状弯曲。资料显示：手术采用腰旁传导麻醉，进行标准的右肷部剖腹切开。在术前或术中持续进行静脉输液，为预防起见，术前使用了抗菌药物；在 2 周或 2 周内做过固定术的，十二指肠乙状弯曲扭转术则通过原来的切口进行；网膜固定术已恢复的奶牛剖腹时，在疤痕的上部切开。术中所见包括靠近腹腔背部空的游离十二指肠后段和膨胀的十二指肠前段以及紧紧缠绕在十二指肠乙状弯曲基部膨胀的皱胃和胆囊。在十二指肠的肝脏贴腹部，仔细触摸可发现团块和粘连。如按压十二指肠前段，后段仍有鼓气，可人工整复扭转而不做乙状弯曲固定。在关闭腹腔之前，17例手术进行了网膜腹壁固定术或其他类固定术；其他病例中，都有皱胃固定术或网膜固定术造成真胃膨胀的记录。伤口常规缝合了3层，每层之间用0.9%氯化钠盐水足量冲洗。在9头牛的手术中见到了病灶性腹膜炎或十二指肠坏死；1头母牛在扭转整复后，发现了十二指肠穿孔，病灶边缘为白色，疑为十二指肠溃疡穿孔，用双层库兴氏缝合处理，在十二指肠前段和后段之间用一次性钉匣（新型多发式闭合器），进行了十二指肠吻合术。另1只母牛在幽门固定术的周围发生腹膜炎，但未见十二指肠前段溃疡穿孔，十二指肠溃疡用2~0号可吸收的外科缝合线作单层库兴氏缝合以预防穿孔。用闭合器切开以利于幽门从腹壁自由活动而不受约束。

所有奶牛均接受静脉输液疗法和抗菌药物治疗，19头牛接受NSAID（非甾体抗炎药）治疗。等渗晶体液给药量平均90L（中数median为80L，全距range为20~200L，样本例数$n=23$），平均2.5d给药1次（全距range为1~5.5d）。已经入院的奶牛平均静注94L等渗晶体液（中数median为80L，全距range为30~200L，样本例数$n=19$），在牧场治疗的奶牛平均静注35L等渗晶体液（中数median为30L，全距range为20~60L，样本例数$n=4$），其中有4头仅静注高渗盐水（7.5%NaCl）和硼葡萄糖酸钙。有2头使用了50%的右旋葡萄糖。抗菌药物包括复方新诺明注射液、普鲁卡因青霉素、氨苄西林、土霉素，或单用或混合使用。抗生素治疗的平均疗程7.5d（中数median为7d，全距range为3~12d），多数奶牛在术后最初的3~5d进行过抗菌药物静脉注射，其余时间肌注青霉素治疗。29头奶牛中的22头（76%）成功治愈，其中21头在术后平均4d食欲和粪便趋于正常（中数median为4d，全距range为3~10d），泌乳期产量明显达到原来的水平。住院的19头的16个和牧场中10头的6个存活。出现临床症状在1d内检查的16个奶牛中有15个存活；出现症状在3d内检查的9个奶牛中有5个存活；出现症状多于3d检查的4个奶牛中有2个存活，且十二指肠乙状弯曲扭转均未复发。但有2头无法整复。9头奶牛中的7头在术中发现明显的十二指肠坏死和局限性腹膜炎；另2头死前做过十二指肠修补术的奶牛在幽门固定术的位置处有腹膜炎。从7头死亡（包括2头无法整复的）奶牛尸检结果看：有严重十二指肠浮肿和胆管病变造成的腹膜炎。根据存活奶牛的随访信息得知：2头奶牛被屠宰，其中1头为老龄（术后完成了4个泌乳期），另 1 个因为产奶量下降（连续 3 个泌乳期产奶量下降，在最后 1 个泌乳期发生十二指肠乙状弯曲扭转）。1 只奶牛从兽医教学医院出院后 2 个月在农场死亡（此牛在术后食欲几乎恢复、直到自然死亡时食欲仍然较正常，没做尸检）。在随访中，公牛仍在配种站服务，每周采集 2~3 次精液。另外 18 只奶牛留在牧场，为畜主提供满意的泌乳、繁殖或做胚胎移植而用。有趣的是，做过十二指肠吻合术的奶牛正在完成第二个泌乳期，且泌乳量比术前更高。根据每个牧场随访信息，没有复发的报道，也没发现另外的奶牛患有十二指肠乙状弯曲扭转。

3 讨论

当奶牛有皱胃固定术的病史、在其背部位置和右侧病灶区出现"钢管音"和震荡音、且带有严重的低血钾和低氯性碱中毒以及升高的肝脏血液生化指标，则基本能诊断为十二指肠乙状弯曲扭转。不管奶牛是在牧场，还是在病院手术治疗，临床预后一般良好。缓解脱水和电解质紊乱的液体治疗对成功治愈至关重要。根据掌握的资料，所有病畜都是在有经验的兽医人员监督下进行的，这些兽医一致认为这些病例在过去 5 年才被引起重视。搜集的病例一直追溯到 1960 年 1 月份，也许是因为存档方法不同，从 1960—2006 年 12 月均未发现此病记录的病例。在收集这些兽医的资料评估时，感到此病在目前有所增加，且在临床上很类似于皱胃扭转，实际是十二指肠乙状弯曲功能异常。而新培育出更高更大的奶牛，使乙状弯曲有更大的游离空间也容易引起扭转。

出现十二指肠乙状弯曲扭转，弯曲部首先变位到背侧位置，如果从奶牛后面看，在逆时针方向的位置成了乙状弯曲在腹部的位置，而十二指肠前段则处于后段的位置，因为扭转，变位的十二指肠缠绕在了网膜上（如果从牛背侧观察，则在逆时针的方向）。目前研究的 29 头奶牛中的 3 头，术者认为只出现无扭转的背侧变位，可简单地整复。设想乙状弯曲一旦变位到了背部，不可能回落到正常位置，必须人工整复。这些奶牛虽然没有扭转但都有典型的症状，如有网膜固定史、临床检查右侧病灶区有"钢管音"和震荡音以及明显的血液生化指标异常。

变位和扭转的病因仍不十分清楚，十二指肠独有的特性和它目前的频发率已经引起同行的重视，需要从诸如饮食、放牧以及产犊等因素考虑。29

头中曾做过皱胃固定术的 20 头奶牛例子值得研究，估计做过网膜固定术或幽门固定术几天后重新手术的这些奶牛，是因为诊断不明，而错过了同时手术的机会。对于网膜固定术数月至数年后患有十二指肠乙状弯曲扭转的奶牛，可能是因为没有皱胃的正常紧张力，固定术使十二指肠前段有更多的活动空间，更容易变位到背侧部位。

患有十二指肠乙状弯曲扭转的奶牛，在接近十二指肠近端处的消化管被完全堵塞，十二指肠前段和皱胃鼓气明显，酸性分泌物增加。从患有奶牛十二指肠乙状弯曲扭转获得的研究数据与自然发生的和实验中人为引起反刍动物近端十二指肠阻塞病例的信息是一致的。因为远端副胰腺管位置的原因，在尸检报告中，没有胰腺炎的记录，所以认为扭转不会影响胰腺功能。在十二指肠乙状弯曲扭转中，胆管也包括在扭转的病变中，在超声检查中，易见胆管的器质性阻塞、胆汁淤积和充血，术中易被触摸。多数奶牛血液生化中的胆红素指数增高。

当腹膜炎、十二指肠溃疡甚至穿孔发生时，临床预后一般不良。有 1 个或多个溃疡则疼痛剧烈，易发生变位，这时也容易确诊患有十二指肠乙状弯曲扭转。正确判断十二指肠溃疡、穿孔甚至狭窄病变，才能决定是否需要十二指肠吻合术，以恢复皱胃溶液。如果发生腹膜炎，和目前用作研究的 2 个奶牛一样，进行十二指肠乙状弯曲扭转整复则很困难。在研究的奶牛中，尽管尝试多次，整复几乎是不可能的。

严重的低血钾症可带来一些难题：即奶牛低血钾造成了十二指肠乙状弯曲扭转，还是发生扭转后造成了低血钾症。在羊身上人为造成十二指肠阻塞时，因为实验对象间的血钾浓度变化大，看到的改变则不明显（Gingerch DA 等，1975），人为造成的小牛十二指肠阻塞可产生低血钾症（Hammond PB 等，1964）。Constable 等报道，患有皱胃扭转的奶牛血钾浓度是 3.6mmol/L；患近端十二指肠阻塞的是 3.2mmol/L；正在研究的奶牛血钾浓度均数 mean 为 2.9±0.5mmol/L（中数 median 为 3.1mmol/L；全距 range 为 2.08~3.92mmol/L），这和十二指肠梗阻奶牛表现的数据是一致的（Braun U 等，1993）。

因在设定的范围内，血液生化分析结果对及时诊断和是否手术的参考价值有局限性。所以制定手术计划时，应考虑到明显的低血钾症和低氯血症。用置留管进行抗菌素静脉输液和大剂量的等渗晶体输液（大于 60L）以补充钙。手术后至少 24~48h 应推荐投服钾质（成年畜用量为 150g 的 KCl，每 12h 口服一次，连续 3d）。应配有兽用车和足够的药品，用强制性输液来恢复电解质的平衡，以保证治疗效果。

根据研究，术后都能存活甚至恢复到产奶状态的良好预后。此外，我们建议，不做十二指肠固定术，似乎这类病例也不再复发，兽医应意识到奶牛的这种紧急综合征，需要更多的病例和研究工作才能搞清起因。

译自：S. R. Vogel，S. Nichols，S. Buczinski，et al. Duodenal obstruction caused by duodenal sigmoid flexure volvulus in dairy cattle：29 cases（2006—2010）［J］.Journal of the American Veterinary Medical Association，2012，241：621-625.

译文载于：《中国牛业科学》，2014 年第 3 期。

单一皮下推注卡铂液辅助化疗犬骨肉瘤的17例评估报告

摘 要 【目的】患骨肉瘤的犬进行截肢或保肢手术后，单剂量皮下推注作为辅助化疗的卡铂注射液，对其产生的不良反应和犬的生存期做评估。【设计】回顾性病例系列研究。【动物】归属畜主的患原发性骨肉瘤的17只犬。【过程】采用Kaplan-Meier生存统计法对施行截肢或保肢手术后连续超过3d、5d、7d单剂量皮下推注卡铂液（总量300mg/m³）的犬病例做评估研究。收集的病例资料有犬的特征描述、肿瘤位置、手术类型（截肢或保肢）、卡铂液给药时间、血液学和血清学生化分析结果以及出现的不良反应。【结果】9只犬血液学所见出现骨髓有关的不良反应，1只犬有胃肠道不良反应，7只犬手术切口部位有感染。根据肿瘤位置、手术类型、卡铂液给药时间、是否有术后感染等研究资料，发现被评估的实验组犬的生存期没有明显差别。所有犬的中位生存期是365d。【结论及临床意义】患有骨肉瘤截肢或保肢手术后，单一皮下推注作为辅助化疗的卡铂液超过3d、5d、7d的犬，其中位生存期和不良反应相似于曾报道的需要静滴化疗药物几周以上的犬的中位生存期和不良反应。对卡铂液辅助化疗犬骨肉瘤的此方案和使用该液化疗犬其他类肿瘤的效果是否相同，还需进一步研究。

关键词 卡铂液；骨肉瘤；化疗；报告

骨肉瘤是犬类常见的骨癌，占犬骨癌的80%和原发性恶性肿瘤的98%。在初诊时90%的犬已经发现有微癌转移，因而属高度性恶瘤。为延长生存时间，常采用辅助化疗的截肢或保肢手术治疗。截肢手术后，多因肺转移瘤死亡，其中位生存期为134～175d。其他因素如肱骨近端骨肉瘤的位置、血清ALP（碱性磷酸酶）增高、术后伤口感染、肿瘤大小、畜龄、有无淋巴结转移、肿瘤的病变程度等也影响犬的生存期。对犬骨肉瘤辅助化疗的传统方案一般包括单一静滴卡铂注射液、顺铂注射液或阿霉素注射液。也可阿霉素注射液同卡铂注射液或顺铂注射液之一联合用药。这种方案要求多个疗程给药治疗，每一疗程达两周或三周。曾报道的单一注射卡铂液治疗犬的中位生存期为 207~321d；单一注射顺铂液的为 262~413d；单一注射阿霉素的为 240~366d；阿霉素和卡铂液联合用药的为 235~320d；阿霉素和顺铂液联合用药的为 300d。然而也报道犬使用以上每个药物后，其骨髓、胃肠、肾以及心血管系统的脏器出现药物依赖性的不良反应。为延长截肢手术后骨肉瘤患犬的生存时间，还曾有使用顺铂注射液药物缓释系统的描述。也有施行截肢或保肢手术后，在切口部位置入 OPLA-pt（浸有顺铂的开孔型聚醋酸）药物，其犬的中位生存期分别为 240~233d 的报道。药代动力学研究显示，使用引起顺铂低血清浓度的 OPLA-pt 能够维持数天。虽然峰值用量较低，但药物全身暴露的血药浓度—时间曲线下面积（AUC）达到了使用等量顺铂的 27 倍，因为癌细胞暴露于化疗制剂更长时间，使药物增加了疗效，峰值用量也降低了潜在的全身毒血症的危险。

考虑到 OPLA-pt 没有商业化市售，本研究主要针对单一皮下推注卡铂注射液做临床实验，之所以选择卡铂注射液，是因治疗方案中静滴该药已经显示出了和静滴顺铂液一样的效果，且潜在的副作用更小。另据报道，病灶内和腔内卡铂液给药不出现渗漏有关的损伤。本文研究的目的是用犬骨肉瘤截肢或保肢手术的回顾性病例，评估单一皮下推注卡铂液辅助化疗后的生存时间和不良反应。我们推测这些犬的中位生存期比曾报道的仅施行截肢手术的生存期更长，且不良反应与曾报道的静滴卡铂注射液犬的不良反应相似。

1 材料与方法

1.1 病例选择标准

选择在 2006 年 1 月 1 日至 2010 年 7 月 31 日诊断患有骨肉瘤犬的病例。因为使用截肢或保肢手术后单一皮下推注卡铂液治疗原发性骨肉瘤的犬病例，具备评估研究标准。所有病例经病理学所见均确诊为骨肉瘤。患犬初诊时，已发现癌细胞转移或对原发性肿瘤进行过任何治疗的（包括静滴化疗剂）病例为删失病例。用于目前研究的病例中，其畜主出于对犬的关爱，不考虑费用的昂贵和疗程的长短，认可该方案，均在治疗前签订了知情同意书。

1.2 治疗和监护

术前检查包括胸部 CT、X 射线三维摄影、血清常规生化分析和血液学分析。患犬采用保肢或患肢截肢方法治疗。所有的保肢手术由同一兽医（Charles A. Kuntz）完成，截肢手术由持证的美国兽医专家或外科住院兽医而做。曾有报道，施行前肢截肢手术的做了肩胛切除；做了后肢截肢手术的截断了髋关节。还曾报道，使用内镜置管术，对仅患桡骨远端肿瘤的犬做了保肢手术。为预防起见，在术前 30min 使用了抗生素头孢氨苄（22mg/kg［10.0mg/lb］，静滴），在麻醉期，每 90min 重复使用一次；所有的犬术前使用了美沙酮（0.3mg/kg［0.14mg/lb］，静滴）和乙酰丙嗪（0.01mg/kg［0.005mg/lb］，静滴）。后肢截肢的犬采用连续硬膜外麻醉，手术时注射吗啡（0.1mg/kg［0.05mg/lb］）和丁哌卡因（1.0mg/kg［0.45mg/lb］）。前肢截肢的在手术时使用了布比卡因溅块（最大量 2.0mg/kg［0.91mg/lb］），术后的止痛剂包括静脉团注美沙酮（0.3mg/kg，）、芬太尼透皮贴剂（2μg/kg/h）和非甾体抗炎药。手术结束时，做前肢截肢术的犬在缝合前皮下放置 8F 的留置导管；后肢截肢的犬，通过手术切口在两块肩胛骨之间立即放置引流管。保肢手术的在缝合时手术部位放置引流管，皮下留置导管需 10cm 长；为安全起见，用荷包式缝合或中国手指套式缝合，再用粘贴伤口敷料固定导管。

选用澳大利亚生产的商用水溶性卡铂注射液，按 300mg/m² 单剂量溶于 5% 的葡萄糖液中，通过手术放置的导管注入该液。葡萄糖稀释液的多少根据犬的大小和给药时间而改变。术后当天即开始用药，超过 3d、5d 或 7d 的则用市售的直流电磁输液泵输入。

根据（医用住院指南），让配备给药系统的连接化疗 7d 的犬出院到畜主居住地，让 3~5d 的犬住院。嘱咐畜主及病院管理者要特别注意人和环境卫生，使患犬伤口减少暴露机会。给药完成后由住院兽医取下导管和输液泵，用皮肤纤维覆盖伤口。5 周内，对各个天数给药的犬进行血清常规生化分析和血液学分析，随时监护在给药过程中或给药后出现的任何不良反应事件。

1.3 过程

对符合统计标准的犬病例进行了资料收集，包括年龄、性别、品种、肿瘤位置、术前血清碱性磷酸酶活性、手术方式（截肢或保肢）、卡铂注射液给药时间、治疗后血清尿素氮和肌酐浓度、血液学分析结果以及是否出现食欲不振、呕吐和腹泻症状等信息。与骨髓有关的不良反应根据血液学所见进行分级，消化道有关的不良反应根据（兽医综合杂志）的标准分级。其他的不良反应也被记录。术后切口在任何给药时间（天数）出现渗出或引流管有排泄物均视为伤口感染。

1.4 统计分析

选用市售的统计分析软件。中位生存期通过 Kaplan-Meier 统计法计算，以手术时间（手术当天以 0d 计）与因癌死亡的间隔计算生存期。若因非肿瘤死亡或做生存分析时仍存活的病例则为删失病例。根据以下标准，用Log-rank 分析法对实验组犬的生存期做了比较：肿瘤位置（肱骨近端及其他位置）、卡铂注射液给药时间（3d 或大于 3d）、术后感染（有或无）和手术方法（截肢或保肢）等。在方差分析中确定为增强（$P<0.05$）的任何因素，通过多元逻辑回归（Cox 模式）的多变量分析被评价。给药时间和不良反应之间的关系使用 Fisher 精确检验来判断。在所有分析中，$P<0.05$ 的值被认为是增强。

2 结果

选用了确诊有骨肉瘤的 97 只犬病例，其中 17 例符合统计分析标准。有8 只雌性（7 只切除卵巢，1 只未曾产仔），9 只雄性（6 只阉割，3 只性未成熟）；品种包括洛特维勒犬（样本例数 $n=6$）、大型混合犬（$n=3$）、灰犬（$n=2$）、拉布拉多犬（$n=1$）、拳师犬（$n=1$）、大麦町犬（$n=1$）、维兹拉犬（$n=1$）、阿拉斯加马拉缪特犬（$n=1$）和多伯曼平犬（$n=1$）；平均年龄 9 岁（范围 2~13 岁）；平均体重 36kg（79.2lb；范围 17~69kg；［37.4~151.8lb］）；14 只行截肢术，3 只做保肢术；10 只犬卡铂液给药时间为 3d，1 只为 1d，6 只为 7d；初诊时，16 只做了胸部 CT 扫描，1 只做了 X 射线三维摄影。肿瘤位置有桡骨远端（$n=6$）、肱部近端（$n=5$）、胫骨近端（$n=3$）、股骨远端（$n=2$）和尺骨远端（$n=1$）。生存调查得知，7 只犬存活，10 只死亡或被宰杀，失访率为零。10 只死亡的犬中，7 只因肿瘤扩散被宰（6 只胸部扫描已肺部转移，1 只经血液学检查出现由骨肉瘤转移的多个皮肤肿块），另外 3 只死亡的为删失样本数据（1 只犬在手术 19d 后因胃扩张-

扭转而死；1 只在手术 314d 后怀疑肾衰竭被宰杀，病例中没有发现可用的信息；1 只犬在术后 294d 因临床症状恶化宰杀，胸部扫描没有发现癌转移，恶化的原因在病例中没有描述）。死亡或宰杀的犬均未做尸检。

综上所述，17 只犬中 9 只出现骨髓有关的不良反应事件（卡铂注射液给药时间为 3d 的 7 只，7d 的 2 只）；给药时间为 3d 的，3 只发展为嗜中性白细胞减少症（肿瘤分级为 1，2，4 的各 1 只），3 只为血小板减少症（1 级 2 只，2 级 1 只），另 1 只发展为 4 级嗜中性白细胞减少症和 2 级血小板减少症；给药时间为 7d 的，1 只发展为 4 级嗜中性白细胞减少症，1 只为 1 级血小板减少症；4 级嗜中性白血球减少症的犬有 1 只转变为脓毒血症需要住院，后经精心治疗恢复；仅 1 只犬有胃肠道不良反应事件（2 级），出现腹泻，因无其他并发症最终治愈。卡铂注射液给药时间与出现骨髓有关不良反应事件的犬数（$P=0.153$）之间没有必然联系，与出现骨髓有关不良反应的犬数或胃肠道不良反应（$P=0.058$）的犬数也没关系。

13 只犬在术前做了血清 ALP 活性测定，有 1 只增高（492U/L；参考值 23~212U/L），此犬在术后 619d 死亡，死亡时有明显癌转移疾病。14 只犬在术后各给药天数做了血清尿素氮和肌酐浓度分析，其中 1 只犬在停药 8d 后有中度肌酐浓度增高（184μmol/L；参考值 44~159μmol/L），12d 后死于胃扩张—扭转；7 只犬（保肢术 2 只，前肢截肢术 4 只和后肢截肢术 1 只）术后出现伤口感染（包括术后任何给药天数切口出现渗出或引流管有排泄物）；6 只犬的样本做了细菌培养，3 只分离出单个菌落，3 只分离出混合菌落。分离的菌种有中间黄色葡萄球菌、金黄色葡萄球菌、不动杆菌属某些种、肠杆菌属某些种、肠球菌属某些种和大肠埃希菌。分离的菌种按增长的程度，分轻度和重度做了记录。2 只犬在畜主居住地给药期间伤口感染，其他的在住院期间感染。感染的犬均被停药，取下给药系统；术后感染的犬尽管没有一致的抗生素治疗方案，但均用抗生素治疗。除了保肢手术的犬到宰杀时一直使用抗生素外，其余犬的感染治疗方案均有效，但感染治愈的时间在病例中没有记录。

根据肿瘤位置、手术方法、卡铂注射液给药时间和有无术后感染等资料，被评估的实验组犬生存时间没有明显不同。相比较其他位置患肿瘤（$n=12$；$P=0.01$）的犬中位生存期为 619d 而言，肿瘤位于肱部近端（$n=5$）的犬中位生存期则为 135d；施行截肢手术（$n=14$）的犬中位生存期为 365d，保肢手术（$n=3$）的没有达到中位生存期（$P=0.73$）；保肢手术的犬中位随访时间是 294d，卡铂注射液给药时间 3d 的犬（$n=10$）和多于 3d

（$n=7$）的犬中位生存期分别为 271d 和 365d（$P=0.79$）；术后没有感染的（$n=10$）犬中位生存期为 365d，而感染（$n=7$）的则没有达到中位生存期（$P=0.64$）；术后感染的犬中位随访时间为 226d。所有犬的中位生存期为 365d，中位随访时间是 157d。

3　讨论

用于目前研究的犬病例中位生存期为 365d，高于曾报道的仅截肢手术治疗的犬中位生存期（134~175d），且该中位生存期相似于曾报道的截肢和保肢治疗骨肉瘤并切口置入 OPLA-pt 或者静滴其他化疗药物辅助治疗的犬的中位生存期。用于目前研究的犬病例数与曾报道的病例数也相似。目前的研究中，17 只犬有 9 只观察到骨髓有关（根据血液学所见）的不良反应事件，其中 3 只的不良反应为 4 级（兽医综合杂志 1~4 级的标准）；曾报道的静滴卡铂注射液出现骨髓有关不良反应的分别是 28 个病例中有 10 个、14 个中有 7 个；不良反应发展到 3~4 级（根据兽医综合杂志标准）或相当程度的分别为 28 个中有 6 个和 14 个中有 2 个；目前的研究中，骨髓有关的不良反应比例和其严重程度与曾报道的非常相似。曾报道的病例中，比较静滴卡铂注射液而言，使用 OPLA-pt 的优势之一是能够提供类似的抗肿瘤细胞效果、减少潜在的全身毒副作用。这可能和 OPLA-pt 的药代动力学，特别是与血药浓度时间的关系有关。曾报道的一项研究结果显示，轻微的短暂的全身毒副作用与 OPLA-pt 有关，使用 OPLA-pt 被检测到的卡铂血药浓度峰值是静滴等量卡铂液后的 20%，所以铂的血药浓度-时间曲线下面积是静滴卡铂液后的 27 倍高。目前的研究中，对使用该剂量和给药方式出现的卡铂血药浓度与峰值时间有何关系还不清楚。根据静脉团注卡铂液和连续低量皮下推注卡铂液出现正常组织耐受力的不同，也许能够解释为什么在目前的报道中，17 只犬仅有 1 只出现胃肠道不良反应，而在静滴卡铂液治疗的犬病例报道中高达 19%~75% 的原因。尽管与骨髓有关的不良反应非常相似，但其胃肠道不良反应，在目前研究中与曾报道的比例则较低。如要取得直接的比较结果，须采用随机、可控的研究方法。

切口清洁手术被认为具有非创伤性，且通过遴选程序的消毒灭菌，对胃肠系统、泌尿生殖系统和呼吸系统不造成急性炎症。目前的研究中，17 只犬中有 7 只伤口感染的记载，其感染率远高于曾报道的使用切口清洁手术

2.5%~6%的比例；7只感染病例中的6例在伤口皮下推注卡铂液（2例为保肢手术、4例为截肢手术）。在目前的研究中，将术后切口在任何给药天数出现的渗出或引流管有排泄物均视为伤口感染。有6例做了细菌培养，样本采自伤口表层或排泄物（也许这是炎症感染率高的原因）。细菌培养的阳性病例，分离出的菌种与伤口普通感染的菌种一致。卡铂液引起的骨髓抑制和对组织的直接刺激以及伤口异物（导管）的存在造成了伤口延缓治愈、干涉宿主防御能力使微生物转移到了伤口部位而出现感染，这也许就是曾报道的保肢手术后感染率为44%~68%、而目前研究的3只犬有2只伤口感染的合理解释。另曾报道，术前确定的灌注圈位置静滴造成的血液稀薄、手术切口缺乏软组织覆盖、内镜置管和自体物移植、置入整形术的金属设备等因素使切口部位减少了局部防御能力，也是犬保肢后感染的原因。

使用OPLA-pt的顺铂液注入速度也影响犬的无瘤间期和生存期。在当前的研究中，选用了初诊时静滴卡铂液7d的病例，此时间被认为最能反应OPLA-pt药代动力学机理，因注入后在前4d血清浓度可达最高值，21d才降低，因而为减少住院化疗时病院环境对犬造成的感染危险，给药时间缩短到了5d甚至3d。目前的研究病例没有最佳的给药剂量和给药速度的记录，所以卡铂液给药3d或超过3d的犬生存时间没有明显差别（$P = 0.79$）。

尽管有曾经使用低剂量顺铂液的报道，但本文作者仍选择卡铂液作为研究对象，因他在犬的抗癌方面与顺铂液的疗效相同、且潜在的不良反应更小。此外，曾报道的研究[1]中，发现皮下推注顺铂液有严重的毒副作用。根据静滴剂量推测，卡铂液的皮下推注量应是$300mg/m^3$。研究表明静滴顺铂液比置入OPLA-pt顺铂液的最大耐受剂量更高（分别为$120m^3$比$70mg/m^3$）。到目前为止还没有公开报道的与其他常规药物相比较的静滴卡铂液最大耐受剂量的数据。为防止给药系统异常，能在比期望更短的时间内注入全部药物，本研究没有选用大于$300mg/m^3$的卡铂液剂量，即使使用该剂量，考虑到静滴和皮下给药之间药代动力学和药效的不同，也会发生比预料更严重的不良反应。虽然这种差异不明显（$P = 0.11$），但在肱部近端骨肉瘤的5只犬生存期（135d）比其他位置骨肉瘤的犬生存期（619d）更短。如果用更多的犬做实验，这种差异可能会更明显；7只感染的犬和10只没有感染的犬，其生存期没有明显差异（$P = 0.68$）；正如上述讨论的，部分犬的伤口出现排泄物可能与消毒方式有关，被感染的数量也许被过高评估；也可能伤口感染不影响生存期，或者因病例数量太少不足以检测出此差异。目前的研究中，仅有1只犬病例在术前为血清ALP活性增高，此例与血清

ALP 正常的犬生存期没有可比性，同样的道理，本研究中仅有 1 只小于 5 岁龄的犬病例，所以它和大于 5 岁龄的犬生存期也无法比较。考虑到该研究有回顾性特点，不可使用患犬的肿瘤大小和分级等信息。为全面分析其生存期，截肢和保肢的犬病例均包括在同一实验组中，因为结合化疗，采用两种手术方式治疗后的犬病例生存期是一样的。

目前的研究中，我们评估了犬的生存期，而没评估无瘤间期。无瘤间期是指从治疗开始到癌症复发或出现转移的时间。考虑到癌细胞向肺部转移（之所以有这个主观的结论，是通过对胸部影像学的类型、方法、敏感性以及影像学结论的描述进行研究，发现肺部转移的频率较高），做了胸部影像学。曾报道的研究[1]中，根据胸部 X 线所见，36 个人的骨肉瘤患者中，10 个人确诊为肺部转移病例，做了转移灶切除后均变为轻微疾病。临床上，常把视为人体黄金标准的胸部影像学的电脑断层技术，用作骨肉瘤临床分级检查的一部分。尽管在检查肺病变时，CT 被其他常规的 X 线灵敏度更高，但检查结果的描述更繁琐更费时。在一项研究中，根据 CT 所见，51 个病人有肺部转移，其中 57% 的病例由组织学所见确定为骨肉瘤转移，43% 的具有自愈倾向。目前的研究中，被宰杀的犬病例也包括在生存期的统计之列，它既受主观因素的影响，也有生存分析结果的影响，但愿能较低评估而不是过高评估生存期，对癌转移的定期筛选也许会过高评估无瘤间期。目前的研究得知，多数犬病例中用于肺部转移检测的 CT 不同于曾报道的评估骨肉瘤转移使用的方法，后者用 X 射线三维摄影判断癌症的临床分期。因 CT 相比较传统的胸部 X 射线三维摄影有更高灵敏度，可能排除了在该研究中理应包括的病例，不经意地选出了生物侵略性较小的癌症，造成癌症临床分期有所改变。这反过来会影响曾报道的犬的生存期评估结果。

目前的研究方案，对回顾性评估有其局限性，包括缺乏对照组数据、样本数太少和数据不一致等。如果卡铂液给药开始后的 14d 内连续进行血液学检查，很可能骨髓有关的不良反应比曾报道的 17 个病例有 9 个的比例更高。对这个治疗模式的任何研究都应包括标准化的随访资料和临床病理监护的资料。目前的研究中，给犬皮下推注卡铂液出现不良反应的天数变量与曾报道的静注卡铂液的天数变量相似。研究结果表明，此治疗方案有其生物学作用，可从犬的生存期和骨髓抑制现象的出现看出。此治疗方案也给骨肉瘤截肢和保肢的犬提供了潜在的交替辅助化疗的参考。本文描述的方案，属于便捷的单剂量治疗，对一些畜主可能更具吸引力。方案是否能减少犬的不良反应、提高疗效，还需做药代动力学研究，以弄清卡铂液血清浓度和时间的关系。甚至要做进一步的研究，如卡铂液和传统化疗药物缓释效果和毒副作用的比较研究、单剂量和多剂量给药的比较研究以及该方案与使用卡铂液治疗其他类癌症的比较研究等。

译自：J. O. Simcock，S. S. Withers，C. Y. Prpich，et al. Evaluation of a single subcutaneous infusion of carboplatin as adjuvant chemotherapy for dogs with osteosarcoma；17 cases（2006—2010）［J］. Journal of the American Veterinary Medical Association，2012，241，5：608-614.

译文载于：《中国畜禽种业》，2015 年第 7 期。

怀孕母马手术麻醉的病例探讨

1　病史

体重364kg（1240磅）的15岁夸特母马，因腹痛36h到美国佐治亚大学兽医教学病院就诊，母马已怀孕10个月，曾有怀孕腹痛病史。初到病院，即有刨地动作。体征检查：心跳68次/min，呼吸困难，有明显腹胀状，没有胃肠蠕动音。先静滴甲苯噻嗪（0.27mg/kg［0.12mg/lb］）作为止痛镇静，再行直肠检查和鼻管插入。直肠检查可在腹部右侧触摸到胎儿和坚硬的胃肠结构，有约3L的胃液从胃管流出；实施腹腔穿刺，穿刺液分析：有核细胞为2 700 cell/μL、蛋白浓度为3.1g/dL，除轻度高纤维蛋白原血症（500mg/dL，参考值100~400mg/dL）、轻度高蛋白血症（7.1g/dL，参考值4.9~7g/dL）、轻度高氯血症（107mmol/L，参考值95~104mmol/L）、中度肌酸激酶活性(1 233U/L；参考值；91~343U/L) 和轻到中度的高肌酐浓度（2.9mg/dL，参考值，0.3~1.8mg/dL）外，其他血球数和血清生化常规指标正常。

入院后，该母马静滴10L的等渗晶体溶液和口服0.22%的烯丙孕素20mL；诊断性治疗包括触压盲肠和结肠，几个小时后，母马表现为腹痛增加，静滴安痛药地托咪啶（0.009mg/kg［0.004mg/lb］）、布托啡诺（0.009mg/kg）和氟尼辛葡胺（0.89mg/kg［0.40mg/lb］），给药后，持续腹痛，遂决定行剖腹探查术。

2　探讨

一是手术后会产生什么麻醉并发症？二是母马和胎儿的预后怎样。

3 结论

因怀孕可造成母体的正常生理学改变，任何腹痛症孕马的麻醉并发症均为血氧不足和血压过低。背横卧（仰卧）姿手术时，孕马子宫的重量对腹腔大容量造成挤压，会出现肺萎缩和肺通气灌注的不匹配；母马血氧不足和血压过低将导致胎儿的供氧不足。此外，镇痛剂和麻醉药会影响子宫血流和子宫张力，进而影响胎儿发育。和非怀孕母马对照比较，做腹痛手术后，其麻醉作用对怀孕母马的死亡危险没有明显增加，但术后流产率在 20%～46% 之间。

4 治疗与结果

母马术前静滴甲苯噻嗪（0.53mg/kg［0.24mg/lb］）和布托啡诺（0.02mg/kg［0.009mg/lb］）作为止痛镇静剂，麻醉诱导则静滴克他命（氯胺酮）（2.1mg/kg［0.95mg/lb］）和咪达唑仑（0.05mg/kg［0.023mg/lb］），采用俯卧姿式在母马气管插入直径 26mm 的导管，通过自动供气阀给氧，母马吊放到手术台前，第二次静滴甲苯噻嗪（0.14mg/kg［0.06mg/lb］）。母马采用头偏上倾斜 3°～5° 角度的仰卧位保定在有垫的手术台上，通过循环系统给氧时注射异氟醚为麻醉维持，当呼吸达 10 次/min、潮气量 9mL/kg（4.1mL/lb）、最大吸气峰值压（PIP）在 40cm H_2O 和呼吸末正压（PEEP）为 10cm H_2O 时，立即接通呼吸机开始间歇正压通气，按 13mL/kg/h（5.9mL/lb/h）的速度静滴电解质溶液，5min 后以 2.7mg/kg/h（1.2mg/lb/h）的恒速静脉团注利多卡因（0.9mg/kg［0.41mg/lb］）。监控参数包括动脉血压（直接测量）、呼吸末二氧化碳分压、呼入气和呼出气中的异氟醚浓度、潮气量、吸气峰压、呼吸次数、心率和血氧饱和度（脉搏血氧饱和度检测仪测定），心电图也需检测。初期的监控参数为平均动脉血压 60mm Hg，5min 后为大于 70mm Hg，且整个过程的大部分时间均为此血压。静滴多巴酚丁胺（0.3～2μg/kg/min［0.14～0.9μg/lb/min］）和麻黄素（0.04mg/kg［0.018mg/lb］）以维持平均血压达到大于 70mm Hg。整个过程中，心率稍快（37~51 次/min），并伴有窦性节律；呼吸末二氧化碳分压维持在 28~33mm Hg，异氟醚呼末浓度为 1%~1.3%，潮气量维持在 9mL/kg，PIP 的范围在 28~41cm H_2O；一旦母马连接到呼吸机管路上，呼吸末正压通气将调到 10cm H_2O。手术开始后一小时 PEEP 降低为 7cm H_2O，麻醉结束前 10min 继续降到 5cm H_2O；整个麻醉期血氧饱和度维持在 99%~100% 之间。

麻醉诱导后 35min 做了动脉血样分析，动脉血氧含量正常（465mm Hg，吸入氧分数 98%），但出现轻度呼吸性酸中度（pH，7.291；动脉血二氧化碳分压 $Paco_2$，48.6mm Hg），重碳酸盐、钙离子、葡萄糖、钠离子、钾离子浓度和血细胞值均在正常范围。麻醉时间持续了 2h40min，手术时间 2h。手术诊断为结肠移位至右背部，右背部结肠出现结石且在骨盆部发生扭转。做了结肠骨盆部扭转切开术，取出内容物；麻醉期静滴了两次另外剂量的布托啡诺（0.02mg/kg ［0.009mg/lb］）以强化镇痛效果。

母马在摘除呼吸机管路后的前 20min，停止利多卡因的恒速静脉输入。母马转移到恢复棚后，静脉团注甲苯噻嗪（0.09mg/kg ［0.041mg/lb］），通过自动供气阀输入 100% 的氧气，然后给母马插入导管后从气管注入甲苯噻嗪（15L/min）、或在取下导管后从鼻腔吹入甲苯噻嗪。麻醉恢复期出现严重的共济失调，母马在头、尾的绳索辅助下可试图站立；麻醉恢复期的静脉血样显示：有明显的乳酸中毒症和中度的高血钾症，可能与母马试图站立强力拉动肌肉有关；麻醉恢复后，母马前肢跛行明显严重，术后 36h 流产。

5 讨论

母马怀孕后期的生理适应对麻醉的成功操作提出了重大挑战，尽管对孕马在这方面的报道较少，但可以相信，其他哺乳动物和母马的怀孕期生理特征应该是相似的。怀孕对心血管系统和呼吸系统的影响很大，所以需特别管理，这些影响增加了腹痛孕马出现心血管系统和呼吸系统并发症的可能。怀孕期，母体的心血管系统为胎儿的供氧起着代偿作用。怀孕妇女心搏量增加 20%~30% 和心率增加 20% 可造成心输出量增加，血容增加 40%~50% 可引起心脏前负荷增加，外周血管阻力降低 20%~30% 可造成心脏后负荷降低。这些变化降低了母体因使用麻醉药物继发的心率、心肌收缩和血管阻力减少的代偿能力。母马在怀孕后期腹容量会增加 50% 多，在母马仰卧位手术时，这额外的容量可压迫主动脉—腔静脉，使心脏前负荷和心输出量降低。孕妇在怀孕后期出现主动脉—腔静脉压迫的描述很多，因此，尽量避免仰卧位手术。

胎儿在后期可引起母马呼吸并发症，仰卧位加剧了对横膈膜的压迫，造成通气灌注失衡，会出现低血氧症。在孕妇，胎儿的需氧量可使氧消耗增加20%，使肺功能残气量降低20%。怀孕期，由于黄体酮的影响并伴有新陈代谢加快和 CO_2 的增加，常出现呼吸加剧。孕妇可出现二氧化碳分压从35~40mm Hg 降低到27~34mm Hg 的典型症状。麻醉期因高碳酸血症会导致胎儿酸中毒，低碳酸血症将导致母体子宫胎盘血管收缩，因此麻醉通气需随时调控。多数腹痛需手术的马因内容物和气体混杂，会使胃肠道容量增加。怀孕腹痛的母马胃肠胀气加剧了已经膨大的腹容，易出现麻醉通气氧化应激反应困难。在麻醉期，给胎儿维持供氧对其健康至关重要。供氧的多少取决于心输出量的大小和动脉血氧含量。因心输出量不易测定，常用动脉血压来估算，目前孕马麻醉被广泛推荐的平均动脉血压是大于70mm Hg，所需的血压可用静滴晶体液或胶体液、减少呼吸麻醉的给药浓度、注射多巴酚丁胺或麻黄素等拟交感神经的药物来维持。根据血清钙离子浓度的大小，随时注射钙剂。利多卡因等辅助药物可用来降低吸入麻醉的最低肺泡有效浓度，如果更低的浓度被吸入，可降低血管的张力和负性肌力。在其他类动物身上，怀孕会降低吸入麻醉的最低肺泡有效浓度，因此，注重麻醉深度是关键。妇女怀孕期，动脉血氧含量可增加到102~106mm Hg，这有利于对胎儿的氧气循环输送。尽管孕马的 Pao_2（动脉血氧分压）小于80mm Hg 被确定为血氧不足，但似乎均能达到大于100mm Hg 的水平，能够足以维持胎儿的增氧需要。在麻醉诱导和恢复期给母体增氧可依靠输氧来完成（如使用自动供气阀或吸氧法）。在间歇气道正压通气期间，使用 PEEP 技术增氧；然而，使用 PEEP 可增加有关间歇气道正压通气的心血管负面作用。因此，PEEP 对增氧的正面作用可用对血压的负面作用来平衡。有趣的是，在手术台上，将母马头稍微偏上倾斜以减少横膈膜的压力，降低气道峰压，也可改善通气与血流灌注比例的失衡。麻醉药物也许给胎儿造成特定的有害影响，对孕马麻醉方案的选择，应以不造成子宫收缩、增加子宫血管张力、导致血氧不足为宜。如果不是剖腹产，自然生产就不必考虑麻醉药物诱发胎儿呼吸不畅的因素了。很明显，麻醉给药时间对正在发育胎儿的神经系统有影响。孕鼠使用异氟醚，可造成出生的鼠在成年后出现认知障碍。注射 a2-肾上腺受体可造成怀孕山羊的子宫腔压力增加；对牛使用，可减少胎儿的氧气输送。另外，a2-肾上腺受体可造成非怀孕母马子宫内压增加。然而在一项研究中，对怀孕后期的母体使用安定药地托咪定则不造成流产。在人体，怀孕初期使用开他敏可引起子宫内压增高，但孕马使用该药后的临床表现则不十分清楚。弱碱性的利多卡因也许在血液循环时，残留到胎儿身上，会出现胎儿 pH 值比母体 pH 值低 0.1 的典型症状，这是由于胎儿酸性增加的结果。对孕妇一般推荐使用利多卡因作为抗心律失常的全身麻醉药物，但利多卡因对孕马胎儿的影响同样不太清楚。多数药物如异丙酚、巴比妥酸盐、阿片类和局部麻醉药在人体应用认为是安全的。尽管非甾体消炎药一般不作为孕妇镇痛使用，但氟尼辛葡甲胺在马的腹痛手术中使用似乎不出现流产的危险。

拟交感神经药物对牛的胎儿有何影响报道不多。在人体，为剖腹产而实施脊髓麻醉，出现血管舒张继发低血压是常见现象。虽然对麻黄碱和去氧肾上腺素的治疗效果研究较多，但最近的 Meta 分析法认为，去氧肾上腺素比麻黄碱会使胎儿产生更多的酸性，但对牛麻醉后出现低血压且不发生血管舒张的机理无法解释。

本文报道的母马明显没有血管舒张，因而考虑到正性肌力作用，常选用多巴酚丁胺作为心脏用药。在一项研究中，孕羊尽管没有被麻醉，但使用多巴胺和多巴酚丁胺均造成宫内血流缓慢。在一项回顾性研究中，剖腹手术的马曾用多巴酚丁胺来维持血压，但没有使用拟交感神经药物的详细描述；该项研究中，对母马用或不用多巴酚丁胺进行手术治疗与采用其他方法进行治疗，其流产率没有差别。母马麻醉恢复期的有关并发症与非怀孕母马出现的并发症相似。低血钙或贫血造成的肌无力也可导致麻醉恢复预后不良。因母马怀孕会造成稀释性贫血，所以在治疗低红细胞比容病例时，麻醉前用量应慎重使用。此外，根据孕马体质强弱和胎儿大小，在麻醉恢复期应人工辅助站立，或按照马的秉性或驯服程度在马的头部或尾部使用绳索。总体来讲，麻醉恢复期有受伤、骨折或脱臼的危险。实施剖腹手术后，孕马流产的危险性在 20%~46%。尽管曾经的研究表明，手术治疗腹痛和其他方式治疗后流产率没有差别，但手术治疗后的母马仍有较高的流产危险，其因素有低血压、麻醉给药时间超过 3h 和怀孕最后 60d 出现血氧不足等。怀孕母马和非怀孕母马在剖腹手术治疗后，其短期生存率没有什么差别。因麻醉药物的选择在马类有局限性，在临床上对单个药物有关的危险因素很难做出正确的比较，所以在近期报道的一项回顾性研究中，具体麻醉方案没有描述，且对镇痛、麻醉和拟交感神经药物的特定危险没有评估。

对孕马进行麻醉最基本的要求就是维持心输出量和动脉血氧含量。在这些报道的病例中，可能均成功地使用了多单位的麻醉药物制剂，并得到了有效地操作管理，所以很少有药物使用禁忌症的描述。本文报道的母马在麻醉恢复期有严重的前肢跛行，可能也增加了流产的危险性。

译自：J. K. Maney，J. E. Quandt. Anesthesia Case of the Month［J］.Journal of the American Veterinary Medical Association，2012，241：562-565.

译文载于：《中国动物保健》，2015 年第 7 期。

8~52周龄比格犬饲喂富含DHA鱼油强化食物对其生理功能的影响

【目的】评估健康犬饲喂富含二十二碳六烯酸（DHA）鱼油对其成长的认知、记忆、心理活动、免疫学、视网膜功能，和其他监测值的影响。【设计】评价研究方法。【动物】48只比格幼犬。【过程】幼犬在断奶后分成三组（样本数 $n=16$/每组），并接受三种饲料（低DHA含量、中DHA含量、高DHA含量）中的一种作为它们的唯一营养，到1岁龄实验结束。在各个时间点对视觉线索辨别学习、记忆任务、心理活动表现任务、心理学进行测试（包括血液和血清生化分析、视网膜电图、双能X线吸收测量）。16周龄注射疫苗后，在1、2、4、8周对其抗狂犬病病毒的抗体滴度进行评价。【结果】除鱼油的DHA含量浓度有不同外，食物有类似的组分分析结果；高DHA含量食物比其他食物也含有更高的维生素E、牛磺酸、胆碱、左旋肉碱浓度。高DHA含量的样本组比中和低DHA含量的样本组，其幼犬在反转学习任务、视觉系统对比辨别、障碍迷宫侧侧运动的早期心理活动能力方面有明显增高效果。高DHA含量的食物样本组比其他两个组在疫苗注射后1和2周内，分别有明显较高的抗狂犬病病毒的抗体滴度。在评估的所有时间点上，视网膜电图（ERG）暗视 b-波的振幅峰值与血清DHA浓度呈显著正相关性。【结论和临床意义】在幼犬断奶后，在日粮中添加富含DHA成分的强化鱼油或其他搭配的营养成分与幼犬神经认知发育有关，能改善生长期的认知、记忆、心理活动、免疫学、视网膜等功能。

生长期幼犬的神经系统和体格发育受遗传倾向、环境、疾病、营养的影响。但对幼犬神经认知的发育和维持，特别是学习、记忆、运动功能任务的营养干预作用研究，比较人体来说还处在初级阶段。在老龄的比格犬（研究时的平均年龄≥8岁），复杂基质的抗氧化剂添加到维持型饲料中，可延缓认知下降的起始时间，并和神经病理变化有关。据报道，对怀孕期和泌乳期母犬，在其成长型饲料中添加富含DHA鱼油的食物，可改善其幼犬的可训练性和ERG记录中的视网膜细胞活性。报道中的这些幼犬认知评估，通常仅仅包括一项认知功能测试指标，而该测试也仅仅在一个生长的时间点进行。

本报告研究的目的，是比较三种成长型食物在幼犬生长早期对认知、记忆、心理活动、免疫学反应（主要是抗狂犬病病毒疫苗的反应）、视网膜功能等方面的影响，以进一步提高我们对断奶到 1 岁龄健康比格幼犬饲喂富含特殊营养的强化食物（包括含有 DHA 鱼油食物）产生影响的认识水平。同时，对幼犬健康发育的另外指标包括体重、体况评分（BCS）、全血细胞计数（CBC）、血清生化指标、骨及软骨组织增长的血清学标志、双能 X 线吸收测量的可变量（体脂、体重、骨含量、骨密度）也进行测定。本研究对食物的合理性选择，目的是对幼犬饲喂的有类似组分分析结果而有不同浓度其他营养成分（与神经认知健康有关的富含 DHA 的鱼油、胆碱、维生素 E、牛磺酸、左旋肉碱）的三种食物（2 种是经济类的市售饲料，1 种是研究时购买的非经济类增长型饲料）之间的可变量进行比较而考虑的。

使用的认知学习和记忆测试方案是为了评估幼犬的学习、记忆、心理活动能力的发展过程，以确定饲喂幼犬的食物与实验结果之间有何关系（该方案还包括以前进行的有关犬龄与认知下降是否有关而使用的一系列实验）。进行的实验充分评价了包括视觉线索辨别学习、反转学习、单数辨别作业、地标识别学习在内的认知学习和记忆测试。同时进行了短时记忆实验和延迟—非配对位置作业测试。

1 材料和方法

1.1 动物

根据体检、CBC 检查、血清生化分析、尿液分析、寄生虫粪便检查，对所有评估的犬（母犬和幼犬），进行了全身性疾病症状的诊断。如果是健康的母犬和幼犬，则作为该研究的样本。有全身性疾病临床症状的幼犬从研究样本中剔除，并根据体况接受适当的治疗。按照该标准化方案，所有犬（包括≥8 周龄的幼犬）均进行了犬瘟热病毒、犬腺状病毒第一型、犬腺状病毒第二型、犬细小病毒、博氏杆菌的疫苗（菌苗）注射，16 周龄幼犬注射抗狂犬病病毒疫苗。

供研究的 14 只成熟比格母犬，按营养比例进行饲喂。母犬饲养在特许的分组繁殖场，直到确定怀孕，再转移到产房待产。分娩后的母犬和幼犬仍在同一产房喂养，直到幼犬 8 周龄断奶时移出产房，分组饲养（4 只/间）在随季节变换的自然光线的室内运动场（1.5m×5.2m）。每天饲喂一次。幼犬通过相互交往，以及同饲养员打逗玩耍、运动锻炼、玩玩具，实现其行为的丰富化；该研究方案由美国希尔斯宠物营养食品有限公司动物保护和利用委员会审查批准。

1.2 食物和实验组分配

所有食物，均根据标准分析方案在商业实验室做了营养分析，成熟的比格母犬在怀孕前≥2 周以及整个怀孕和泌乳期饲喂经济的、适合怀孕和泌乳期的低 DHA 含量食物。幼犬在 8 周龄断奶前饲喂和母犬几乎同样的食物。

根据每组均有同数量同窝幼犬的分组原则，断奶后的 48 只比格幼犬（22 只雄性，26 只雌性）被分成三组。例如，一个母犬有 8 个同窝幼犬，本研究只选用 6 只，每组分配 2 只。

各组分别饲喂三种食物（低 DHA 含量、中 DHA 含量、高 DHA 含量）中的一种。7 雄 9 雌（16 只）的一组饲喂低 DHA 含量的食物；7 雄 9 雌（16 只）的另一组饲喂中 DHA 含量的食物；8 雄 8 雌（16 只）的一组饲喂高 DHA 含量的食物。

1.3 饲喂方案

两种经济类饲料重新被包装在白纸袋中，作为实验组使用，且用不同颜色的标签做记号；饲喂量以原包装的说明按比例进食，幼犬按组分别在各组的饲养室喂食，直到 6 月龄大；这段时间，每组均制定饲喂方案。整个实验过程中，每天按组分别记录幼犬进食量；每周测量体重；每周进行一次体况评分（BCS）；根据 5 分制系统评价，随时调整进食比例，使体况接近 3 分的标准；但调整的比例不能高于或低于厂家在纸袋上注明的幅度范围。

1.4 血样采集和分析

在 10 个月的实验期间，从 7 周龄（断奶前 1 周，作为研究用基础值）到 52 周龄在预定的时间点，从颈静脉采血取样。在 7、12、24、36、52 周龄对 CBC、血清生化指标、全血牛黄酸含量进行测定。血清脂肪酸（包括 DHA 和维生素 E 含量）在 7、12、16、24、36、52 周龄被测定。抗狂犬病病毒抗体滴度在 16 周龄（注射狂犬病疫苗前立即测定）和 17、18、20、24

周龄进行测定。骨及软骨组织增长的血清学标志则在 7、16、24、36、52 周龄测定。血清样本按 1mL 等分（溶液）存储在 -20℃［华氏 4°F］的温度下，直到实验开始。使用市售试剂盒按照饲料厂家说明，对样本的骨碱性磷酸酶（BALP）活性、前胶原交联氨基端肽、Ⅱ型软骨组织蛋白合成、脱氧吡啶酚总含量、吡啶酚、骨钙素、胶原交联羧基、末端肽进行分析。

1.5 眼科检查和视网膜电图检查

在断奶期间，由兽医眼科学专家对幼犬做了整套眼科检查，以评价眼部病变。结果均为正常。为评价视网膜功能的发育程度，在 2、4、6、9、12 月龄，对幼犬进行了一只眼的视网膜电图检查（每次检查均为同一只眼）。

视网膜电图为可携带的手握设备，用超感官知觉全域测试刺激剂来完成；幼犬先进行暗适应 ≥ 1h，在红光下肌内注射麻醉剂美托咪啶（0.1mg/kg［0.045mg/lb］）和氯胺酮（5.0mg/kg［2.27mg/lb］），然后使用传统的 1%托吡卡胺滴眼液使瞳孔最大化放大，再使用 0.5%盐酸丙美卡因对角膜表面麻醉；视网膜电图隐形眼镜的电极用甲基纤维素溶液黏合安放在该眼睛。皮下铂金针电极则分别放置于枕骨结节和该眼外眦的 0.5cm 处，作为接地电极和参考电极。该设备（0log 对数单位）的标准闪光是 1.7cd/［s·m²］（白色 LEDs 灯光源），闪光强度能以 0.3log 单位的增量调整（从 -3.0 调整到 1.2log cd/［s·m²］）；为暗视闪光刺激，标准闪光强度可调整到 -3.0log、0log、1.2log cd/［s·m²］；适应光源（由室内普通荧光灯产生的光源）10min 后，进行 0 和 1.2log cd/［s·m²］的明适应记录，再获取 30-Hz flicker 的反应闪光刺激光强值。所有视网膜电图的记录被储存，再转输到计算机上进行进一步评估。

1.6 双能 X 线吸收测量（DEXA）

幼犬在 2、4、6、9、12 月龄进行双能 X 线吸收测量法测定，正如前述的 ERG 被麻醉的一样进行全身麻醉；根据标准化方案，按照厂家的推荐，利用双能 X 射线吸收法测量体成分，收集包括全身体脂、体重、骨含量、骨密度在内的 DEXA 数据。

1.7 认知功能测验

在整个研究过程中，在 T 形迷宫里，使用多伦多通用测试设备（TGTA）进行一系列视觉线索辨别任务测试，以评估幼犬的学习效果。迷宫里放置等量的食物；选择正确的给予食丸奖赏；对选择错误或选择模糊而又再次不能正确选择的犬，则不能给予奖赏食丸。按照过去报道的使用获取视觉刺激物反应的延迟–非配对位置作业的奖赏食丸方法，做了短时记忆测试。每个犬每天对 2 项选择任务进行 10 次实验，对 3 项选择任务进行 12 次实验。为获取奖赏，幼犬需要跑过一个物体或门后寻找隐藏的食物。完成该测试，进入下一个阶段的实验；要求幼犬在一天内有 90% 的正确选择，或在相继的 2d 内有 80% 的正确选择。测试结束前记录的错误总次数用来统计分析。进行幼犬认知实验的饲养人员要对食物的分配做到事先不知。所有实验中的奖赏食丸是一个营养完全的、平衡的保湿配方，以适应幼犬生长的需要。奖赏食丸包装成 1g 标准重量的平常食物，大约有 250mg 的干物质。多数实验任务每天最大只有 10 个正确答案，因此，每只犬奖赏食丸的最大量是 2.5g 干物质。断奶期的幼犬重量通常是 2.5~4kg，根据此标准，本研究评估的幼犬每只每天进食量是 100~150g 干物质；也即幼犬每只每天奖赏食丸总体只占进食量的 ≤2.5%。

1.7.1　T 形迷宫实验

在 8~13 周龄，利用 T 形迷宫定位实验范型进行初次认知学习功能评估。实验前，幼犬被引导如何从迷宫任一臂的目标盒里寻找奖赏食丸，然后进行定位任务测试。幼犬在 T 形迷宫的一侧有反应，就能获得另一侧目标盒的食丸奖赏。它们一旦学会定位辨别，反转学习任务阶段便开始；在这阶段，幼犬只有正确选择 T 形迷宫原先奖赏一侧（非首选的一侧）的对侧，才能获得奖赏食丸，然后重复反转学习任务过程。每次幼犬学会新的正确选择，奖赏一侧的位置便被转换，使用反转和重复反转实验，以评估比传统定位辨别水平更高的额叶功能有关的学习效果。

1.7.2　TGTA 实验

使用 TGTA（多伦多通用测试设备）实验进行剩余的认知学习任务评估。该方案由一个最初的预训练阶段组成，对 14~16 周龄幼犬培训寻找和搬动放置在它们前面物体的能力，以获取在后续实验中准备的奖赏食丸。在 16~20 周龄，幼犬进行简单的物体辨别和反转学习任务测试；在 20~25 周龄，使用认知实验辨别学习能力的第三个方案，对幼犬进行两项任务测试，此两项实验要求它们在三组物体中移动出单目标物体。

在 27~33 周龄，进行对比辨别学习任务测试，并在各组间比较。幼犬首先进行训练，然后测试（用最高［100%］图像对比度）在白色背景下对标有黑色三角和圆圈纸牌的选择反应。此后用同样图像的纸牌测试，但三角、圆圈、背景是在灰色阴影下，对比度也降低（25%对比度）。对比辨别测试的第三部分则用各种程度对比度的图像，检测每个犬的表现。实验中有不同阴影下的各种对比度（最小1%~25%）的物体和背景，利用成对的6个物体（三角和圆圈图像）进行测试。

延迟—非配对位置（DNMP）实验用来对33~44周龄幼犬进行短时记忆功能评估。该方案包括学习记忆和获取信息两个评估阶段。在获取信息阶段，一个物体（红色块状物）放置在幼犬面前，在选择奖赏食丸时，便于将幼犬定位到中线的左边和右边，然后物体从视线中移走5s；再将2个相同的物体（红色块状物）以新异位置出现，表明选择正确，可获得奖赏食丸。完成该阶段的幼犬将转移到记忆阶段。在此阶段，使用延迟25~50s的相同方案评估。

44~51周龄，对三组幼犬进行最后一次的认知学习任务方案实验：测试和评估地标识别任务能力。将黄色木块置于奖赏食丸盘上，再把两个平的圆型底托放置在中线等距的食物井内，对最靠近地标的杯托有反应时，给予幼犬奖赏食丸。地标任务0被确定为选择正确杯托地标刻度的中心。在以后的任务测试中，地标逐步远离正确杯托或靠近中线1cm（任务1）到2cm（任务2）放置，以增加任务难度。

1.8 心理活动评估

根据幼犬快速穿过设有障碍物的T形迷宫能力，来评价它们的运动技能。把穿过迷宫找回奖赏食丸所需的时间（以秒计，即潜伏期评分）确定为心理活动能力（感觉和运动协调）的定量测度。心理活动测试在三个时间点（相当于3.3、6.1、12.3月龄）进行，在每个时间点有两次测试的训练课（需要一些图样和半块复合材料层合板），每次有10个实验；第一次测试开始前，幼犬进行两次训练，以保证它们在没有放置障碍物的迷宫有高水平的表现（平均时间在60s以下）。在第一次放置障碍物的迷宫测试中，带有圆形图样的全幅层合板分别放在T形迷宫的主干臂（长臂）和分枝（垂直于长臂的短臂）部分；幼犬为寻觅层合板上的图样，不得不进入任意一个目标盒分枝的部分（层合板上挖空的图样形状和高度要随着每个时间点幼犬的成长能够调整）。第二次放置障碍物的迷宫测试中，半块复合材料层合板放置在T形迷宫主干臂的对侧，要求幼犬绕过障碍物周围的S型图样（侧侧运动），到达目标盒。这两次测试，奖赏食丸均放在两个分枝部分的目标盒食物井内，寻觅到任意一个目标盒内1个奖赏食丸的潜伏期被作为心理活动的首要度量指标。

1.9　统计分析

鉴于系列资料和实验设计的实际，所有数据使用带有各种模型的统计软件来分析；本实验数据使用均数 mean±标准差 SD（认知和学习实验）和均数 mean±标准误 SEM（其他所有实验）统计法分析。为尽可能减小对认知任务的分析偏差，在揭示设有颜色编码的实验分组信息前，由一名统计专家事先进行了数据分析。所有 P 值用双尾检验确定，P 值≤0.05 被认为是双尾显著性检验。采用 ANOVA 法对体重、DEXA 数据、骨及软骨组织增长血清学标志（前胶原交联氨基端肽、Ⅱ型软骨组织蛋白合成、骨碱性磷酸酶活性、脱氧吡啶酚总含量、吡啶酚、骨钙素、胶原交联羧基末端肽）进行评估。在实验开始和结束时，以实验营养组（按食物营养不同分组）为因变量在各组间进行了分析；在软件模型中，将时间点和实验营养组作为可变量，通过 Mixed 过程对抗狂犬病病毒的抗体滴度、视网膜电图数据、DHA 血清浓度、维生素 E 含量、牛磺酸浓度进行评估；Tukey-Kramer 法对视网膜电图数据进行分离分析；对其他数据用最小平方均值处理。将食物营养分组作为被试间变量，对认知和心理活动测试资料进行单一或重复的 ANOVA 法适当分析。鉴于此，当正态性及方差齐性假设满足时，分别用 Shapiro-Wilk test（显著性水平是 $P=0.05$）和 Levene 检验、BOX 试验（两个实验的显著性水平均是 $P=0.001$）进行评估；不能完全满足任一假设时，应用最大限度减少选择错误次数的转换（平方根和对数）来处理。根据方差不齐和调整的比较次数（Bonferroni 校正法），通过 Tukey 最小显著差异实验、Dunnett 实验、Tamhane-2 实验，利用成对比较，对显著性检验结果进行细致分析。经过和 DHA 浓度测算变量与对比度响应时间变量相比较的多元回归分析，对 DHA 血清浓度和辨别能力比较之间的联系进行了评估。

2　结果

根据美国饲料质量委员会设定的分析方差对粗蛋白、脂肪、钙、磷的含量进行的组间分析结果是相似的。除鱼油的 DHA 浓度外，其他可分析的营养浓度在三种分组食物间都有变化；高 DHA 含量的食物比其他食物，含有更高浓度的神经认知发育有关的营养（维生素 E ［标准品 DL-a-

Tocopherol]、牛磺酸、胆碱、左旋肉碱）；中 DHA 含量的食物维生素 E 和牛磺酸的浓度，比低 DHA 含量的食物浓度更高；而低 DHA 含量的食物中胆碱浓度比中 DHA 含量的食物更高。

分配到三个实验营养组的所有幼犬，根据日粮 DHA 浓度（低 DHA 含量、中 DHA 含量、高 DHA 含量）不同完成了研究任务；在研究开始和结束时，三组在体重、体况评分（BCS）之间无显著性差异；整个研究过程，所有组和描述的所有时间点的血清常规生化分析指标，和全血细胞计数（CBC）均在正常的实验室参考范围。对三组之间的可变量没有做统计分析比较。

2.1 DHA、维生素 E、牛磺酸浓度的测算结果

饮食干预前，各组间的血清 DHA 浓度无显著性差异，随后进行的各时间点测算，高 DHA 含量的食物组幼犬，其血清 DHA 浓度比低 DHA 含量和中 DHA 含量的食物组幼犬明显要高；此外，基线（7 周龄）之后的各时间点测算，中 DHA 含量的食物组，幼犬血清 DHA 浓度明显高于低 DHA 含量组。

饮食干预前，各组间的血清维生素 E 浓度和整个血液中的牛磺酸浓度无显著性差异；在之后进行的各时间点测算，除 12 周龄的中 DHA 含量的食物组幼犬牛磺酸浓度外，其余时间点，高 DHA 含量的食物组幼犬比低 DHA 含量和中 DHA 含量的食物组幼犬，其维生素 E 和牛磺酸浓度明显要高。基线（7 周龄）之后的各时间点测算，中 DHA 含量的食物组幼犬，其血清维生素 E 浓度比低 DHA 含量食物组幼犬明显更高；最后，测算 24 到 36 周龄幼犬血液中的牛磺酸，中 DHA 含量食物组的浓度明显高于低 DHA 含量食物组的浓度。

2.2 狂犬病毒接种的免疫学反应结果

在接种狂犬病病毒疫苗后第 1 和第 2 周，其抗狂犬病病毒的抗体滴度血清反应，高 DHA 含量食物组幼犬分别（12.4 和 13.7U/mL）明显高于低 DHA 含量（1.5 和 3.7U/mL）和中 DHA 含量（2.4 和 3.5U/mL）食物组幼犬；然而，在接种≥4 周后，所有指标无显著性差异。

2.3 骨及软骨组织增长的血清学标志分析结果

各组之间在基线的各时间点，血清骨碱性磷酸酶（BALP）活性没有

明显不同；然而，在随后进行的各时间点测算，高DHA含量和中DHA含量食物组相较于低DHA含量食物组，幼犬有明显更低的血清骨碱性磷酸酶（BALP）活性。检测的高DHA含量和中DHA含量食物组幼犬之间的该指标可变量无显著性差异。在基线和其他任何时间点到36周龄，三组幼犬之间的血清中Ⅱ型软骨组织蛋白合成浓度无显著性差异；但在36和52周龄时，高DHA含量食物组幼犬，其蛋白浓度明显低于低DHA含量食物组幼犬；52周时，中DHA含量食物组比低DHA含量食物组，其幼犬蛋白浓度明显要低。在任何时间点，各组幼犬的血清中，前胶原交联氨基端肽、脱氧吡啶酚总含量、吡啶酚、骨钙素、胶原交联羧基末端肽的浓度无显著性差异。

2.4 DEXA数据分析结果

除了4月龄在中DHA含量食物组和高DHA含量食物组，其幼犬体脂不同外，测量的其他DEXA数据可变量（体脂、体重、骨含量、骨密度），在各组间无显著性差异。另外，当被测值在基线与12月龄相比时，任何一个这些可变量也无显著性差异。

2.5 视网膜电图（ERG）数据分析结果

对ERG实验测算的可变量所有显著影响时间做了记录；各组间出现显著性差异的时间：ERG b-波振幅峰值的1.2 log cd/ $[s \cdot m^2]$ 暗适应闪光刺激时间，发生在4、6、12月龄；0log cd/ $[s \cdot m^2]$ 暗适应闪光刺激时间，发生在6月龄。b-波振幅峰值测量的两个强度具有按时间分组的显著交互效应。幼犬b-波振幅峰值的两个强度，高DHA含量和中DHA含量食物组比低DHA含量食物组明显更高；而高DHA含量和中DHA含量食物组之间检测的数据无显著性差异。

幼犬血清中DHA浓度和ERG b-波振幅峰值的1.2log cd/ $[s \cdot m^2]$ 暗适应闪光刺激时间，在所有时间点有显著相关性（$P<0.001$；$r^2=0.21$），监测的任何其他ERG数据可变量（暗视反应、a-波振幅、潜伏期、闪光融合）在各组间无显著性差异。

2.6 认知功能测验结果

认知学习评估和经过T形迷宫与TGTA实验所做的短时记忆测试结果汇总如下（表1、表2）。

表1 8~13周龄的48只犬在T形迷宫实验时，其位置任务、反转任务错误选择次数和获得反转次数的均数 mean±标准误 SEM 统计

食物组	位置任务错误次数	反转任务错误次数	获得反转次数
低-DHA	2.5±1.2*	16.8±1.6*	6.8±0.4*☆
中-DHA	2.9±1.0*	11.3±1.4☆	6.6±0.2*
高-DHA	3.4±1.3*	9.5±1.4☆	7.7±0.4☆

*☆同一列中数值，标有不同上标者，通过最小二乘均数估计，在各组间差异显著

表2 44~51周龄的48只犬在地标识别任务实验中，错误选择次数的均数 mean±标准误 SEM 统计

食物组 （综合）	地标识别任务			全部
	0	1	2	
低-DHA	28.5±3.6*☆	36.8±3.9*	12.4±1.7*☆	25.9±2.5*
中-DHA	32.2±2.4☆	38±3.9*	14.3±1.4☆	28.2±2.5*
高-DHA	21.9±3*	27.7±3.8*	9.2±1.3*	19.6±2.5☆

*☆同一列中数值，标有不同上标者，通过最小二乘均数估计，在各组间差异显著

2.6.1 T形迷宫实验结果

各组的位置学习任务实验显示无显著差异，但对各组反转学习任务则具有显著影响；高 DHA 含量和中 DHA 含量食物组，其幼犬反转任务的平均错误次数明显低于低 DHA 含量食物组；和最初的位置任务学习相比较，对获得反转任务错误次数（位置对比反转）的增加有明显的影响。另外，表现有按组分配任务的显著交互效应。在重复反转任务测试期间获得的成功反转次数表明：高 DHA 含量食物组比中 DHA 含量食物组，幼犬明显获得更多的反转；但在高 DHA 含量组和低 DHA 含量组之间反转次数无显著性差异（$P = 0.10$）。

2.6.2 TGTA 实验结果

简单的物体辨别任务，在各组间无显著性差异。此外，通过对幼犬血清 DHA 浓度与简单的物体辨别结果联系的回归分析，测算值也无显著性差异。根据方案标准，确定正确选择的任一两个单数辨别之间，没有明显的组间影响；在27~33周龄进行的对比辨别测试，使用最大对比度的图像评估时，其分离分析法显示：高 DHA 含量食物组比中 DHA 含量（72.1±11.7）与低 DHA 含量（72.2±11.2）食物组，幼犬有更好的表现（平均±SEM 误差次数，42.8±8.6）。血清 DHA 浓度与最大对比辨别误差评分之间，重复的回

归分析显示有显著性关系（$P < 0.01$；$r^2 = 0.21$）。在延迟-非配对位置（DNMP）的短时记忆功能实验中，所有幼犬成功完成了获取信息阶段的任务，组间监测值无显著影响；组间的记忆阶段评估，监测值无显著性差异。但结合地标识别能力任务0、1、2的误差分析，组间出现显著性差异；分析任务误差表明，各组间幼犬表现的地标识别能力任务2比任务0和1，误差明显更少，对任务测试结果影响显著。分离分析法显示：在任务0和2的实验中，高DHA含量食物组比中DHA含量食物组，其幼犬的误差更少。但与低DHA含量食物组比较，所有监测值无显著性差异。

2.7 心理活动评估结果

在具有圆型开孔图样的层合板障碍物躲避实验中，分析认为：依据年龄和实验的不同有显著交互效应，在任何时间点，各组之间的监测值没有显著影响；不同实验间的显著影响显示：不同训练课之间，幼犬对完成任务需要的时间在实验1和实验10之间总体呈减少趋势。在3、6、12月龄，侧侧运动的障碍物躲避实验分析结果显示：不同组的同龄幼犬有显著交互效应；每个时间点的分离法比较显示：在3月龄，高DHA含量食物组，幼犬完成此过程的时间（平均±SD，3.2±0.1s）比中DHA含量食物组明显要少(5.6s±1.1s)；但高DHA含量食物组与低DHA含量食物组之间，其时间无显著性差异（4.2s±0.8s）。在6月龄，低DHA含量食物组（平均±SD，5.5s±0.8s）比高DHA含量食物组（3.6s±0.3s），幼犬完成此过程时间明显更多。尽管数值小，但高DHA含量食物组比较中DHA含量食物组(6.6s±3.1s)，其时间没有明显缩短；在12月龄，各组间进行的该项任务实验，监测值无显著性差异。

3 讨论

过去，充足营养被定义为：在日粮中，按要求的浓度补充另外成分时，为达到选定理想结果的生理学参数变化，而提供的营养需求量。以前的营养学研究，是使用生长期动物和成年动物生殖能力的最大增长量，作为充足营养的确定因素。现在的定义，则是按照多于传统确定的最小需要量浓度，除成长发育（如体格发育、免疫学反应、认知功能）需求外，为获得最大生理学结果而增加另外成分使用的营养量。例如，使用抗氧化剂可通过细胞多步骤的复杂网络，减少自由基对机体的影响。该步骤要求在细胞网络的每个节点有重复性防御，以取得系统的最大化反应。另外，超生理学剂量维生素E的功能显示，能延缓阿尔茨海默氏病病人的发病过程。基质复杂的抗氧化剂，据报道能延缓老龄犬认知能力的下降。

本报告支持这个假设：即由美国饲料质量委员会推荐的，高于最小日粮的含有特殊营养浓度的强化复合食物，能提高成长健康幼犬的特殊生理需求。目前的研究中，比格幼犬在断奶（8~52周龄）后，饲喂三种食物（2种是低和中DHA含量的经济类，另1种是高DHA含量的非经济类）。这些食物，除含有被认为能增强学习、记忆、视力发展（胆碱、来自鱼油的DHA成分、VE［DL-a-VE标准品］、牛磺酸、左旋肉碱）和免疫学功能（维生素E）以及调整氧化应激功能（维生素E）的不同浓度营养外，有同样的组分分析结果。高DHA含量食物比另外两种经济类食物含有更高的左旋肉碱、维生素E、胆碱、牛磺酸浓度；中DHA含量食物比低DHA含量食物含有更高的维生素E和牛磺酸浓度，而低DHA含量食物比中DHA含量食物含有更高的胆碱浓度。

本报告认为：高DHA含量食物比中和低DHA含量的两类食物有更多益处。通过复杂背景建模方法，对特殊食物的多元回归分析显示：DHA的血清浓度与对比辨别测试和视网膜功能（ERG b-波振幅峰值）有正相关性。

犬在出生后的最初4周，犬脑的发育总体相当快，接近成熟则放慢。就目前所知，日粮对形态学变化的影响，从未在犬体做过实验。然而在母犬孕期日粮中，增加富含n-3脂肪酸鱼油的营养，可增强以后幼犬的学习能力以及ERG监测中反映的视网膜的功能。目前的研究中，通过采用对成年犬广泛使用的实验，对幼犬初生第一年的认知（视力辨别和学习）、记忆、心理活动能力进行了分析；通过这些实验，评估了幼犬断奶后实验食物的影响和ERG监测的结果。

据报道，在母犬怀孕和泌乳期以及幼犬断奶前，补充富含DHA的鱼油食物，可改善幼犬的训练反应能力，也认为是改善了认知发育能力。

目前的研究显示：幼犬断奶后，日粮中补充富含DHA鱼油的食物，正如一系列实验测试的一样，对认知能力有积极影响。值得注意的是，DHA成分的作用实际上也是鱼油中其他营养成分（二十碳五烯酸）的作用；正因为如此，评估的三种食物中DHA的含量被认为反映了这些食物中的鱼油含量。

8~13周龄幼犬进行的T形迷宫实验结果证明：反转任务和额叶功能有

关的学习任务，在高和中DHA含量的食物组比低DHA含量食物组，其幼犬有明显更少的误差。进一步的重复反转任务实验评估认为：高DHA含量食物组幼犬比中DHA含量食物组幼犬对该任务表现更好，而低DHA含量食物组幼犬没有积极的表现（$P=0.10$）。

27~33周龄的对比辨别实验和44~51周龄的地标识别能力实验，像T形迷宫实验一样有相似的总体结果。因此认为，断奶后早期学习差异的鉴别，在1周龄时仍可测试。经过多元回归分析最大的对比辨别数据，也显示了在所有时间点，DHA血清浓度间的显著联系和任务表现的改善（误差更少），出现了认知结果对各组影响的不一致性。这也许是因为在每个时间点，幼犬对学习任务和能力存在差异。多种因素可以影响认知结果（如不连续性观察因素等）。尽管存在不连续性，但在各个年龄段，饲喂较高DHA含量鱼油的食物比DHA含量少的食物，其幼犬对重复认知任务的表现自始至终更好。从目前进行的各类认知功能实验，能够得出完整的合理定论：给断奶后的幼犬饲喂富含鱼油的强化食物与神经认知发育有关，即与增加DHA血清浓度有关。但也应谨慎地对实验食物间比较的结果下结论，除了DHA成分外，也不能排除对牛磺酸、维生素E、左旋肉碱、另外的脂肪酸，以及其他营养成分存在观察差异的可能。

乙酰左旋肉（毒）碱在人体和小鼠有延缓认知下降过程的积极作用，因为高DHA含量食物有最高浓度的乙酰左旋肉（毒）碱，也许这是已描述过的该组（高DHA含量食物组）幼犬能改善认知评分的原因。转基因小鼠的代谢组学研究认为：患有类似阿尔茨海默氏病的病例，其大脑组织中几种代谢物（包括牛磺酸以及以卵磷脂结合的胆碱）的含量浓度降低，据此可以认为，这些成分的替代物也能增强认知功能。事实上，包含复杂基质营养（乙酰左旋肉［毒］碱、甘磷酸胆碱、DHA、磷脂酰丝氨酸）的日粮，对小鼠可降低细胞应对氧化应激的能力，改善认知表现功能。

过去的研究中，为实现食物中α-亚麻酸和长链多不饱和脂肪酸（ALA：LCPUFA）比率的多变性富集，便于将该转基因食物饲喂给怀孕和泌乳期的母犬以及断奶后6周的幼犬，要将比率从低到低（0.14%：0.06%）调控到低到高（0.2%：11.6%）甚至高到低（6.8%：0.14%）。过去研究中的低α-亚麻酸和低长链多不饱和脂肪酸食物，大体相当于目前研究中的低DHA含量的食物。过去的研究结果显示：添加有ALA和LCPUFA的日粮也许对12周龄幼犬ERG测试中的a-波振幅反应和潜伏期有积极作用；同时，目前研究中也观察到细微差别：仅添加ALA的日粮，不可能像添加富含DHA的鱼油食物那样有积极作用。该差别仅仅在 4 到 6 月龄进行暗适应 ERG 测试，在特殊的闪光刺激强度（1.2log cd/［s·m²］）b-波波幅记录中，发现有显著的组间作用（即高和中 DHA 含量食物组比低 DHA 含量食物组，其幼犬监测值增加）。目前研究的中 DHA 含量食物 DHA 浓度类似于过去另外报道的低到中的浓度。过去报道的研究者检测了 ALA：LCPUFA 比率的变量，对 ERG 反应没有影响。比较过去在 12 周龄的单一评估，目前的研究加强了重复监测，以评估在多个年龄段不同食物影响的连续性；重点突出饲喂高和中 DHA 含量食物组幼犬显示的积极结果。同时看到：比较过去研究中描述有积极作用的 ALA：LCPUFA 低到高比率的食物，在目前的研究中，高 DHA 含量食物具有 4 倍 ALA 浓度的含量（相当于 DHA 浓度含量的 1/3）。ERG 暗适应 b-波波幅增大，说明改善了视网膜内层细胞的活力，提高了在弱光和暗环境下的视觉功能。目前的研究表明，当评估所有时间点监测值时，发现 DHA 血清浓度与 ERG 暗适应 b-波波幅峰值之间有显著的相关性。过去报道的在发育期反映犬视网膜外层细胞活力的 a-波振幅的差异，通过在怀孕期添加含有 DHA 的 N-3 长链脂肪酸母犬日粮得到改善。过去和目前研究中出现的差异，可能与饲喂 DHA 食物的时间与数量有关；但在这两个（过去和目前）研究实例中，日粮 DHA 浓度对发育的犬 ERG 结果有明显积极影响。

本文的研究报告显示：不同实验营养组的幼犬，在注射抗狂犬病病毒疫苗两周到不超过四周内，其免疫学反应有所不同；高 DHA 含量食物组（也即有最高浓度维生素 E 和牛磺酸的组）比较另两个组，其幼犬的测试反应有明显改善。血清中维生素 E 浓度的增加与老年人接种疫苗的体液免疫反应改善有关。在成年犬，饲喂包括复杂基质氧化剂在内的食物，表明能比未强化的食物有更快的增强抗体的过程。目前研究的结果也许与食物的复杂性有关，而不是与单个营养的总量有关。

目前研究中，通过对 DEXA 数据评估，实验营养组对骨骼发育的静态衡量没有显著作用。低 DHA 含量食物组的犬明显有最大的体重和 BMD 值；但用 DEXA 数据对体重做回归分析时，作为混杂因素的变量之间有显著的相关性。当每个犬的 DEXA 监测值以体重平均时，各组之间得出的比值没有明显差异。

相比较而言，在断奶后所有时间点，反映骨基质合成分析指标的血清 BALP 活性，在低 DHA 含量食物组幼犬比中和高含量食物组幼犬明显更高。在 52 周龄，反映软骨合成指标的 Ⅱ 型软骨组织蛋白合成血清浓度，低 DHA

含量食物组幼犬明显高于中和高含量食物组幼犬。日粮微量营养素的变化对骨合成的其他标记以及其他组织的退化也有不同影响；值得一提的是，含有 N-3 脂肪酸的食物对年轻人有增强 BMD 的作用；所以，降低 n-6 到 N-3 脂肪酸的比率对男女两性的 BMD 增强有关系。反之，增强日粮的氧化脂质含量对生长的犬骨形成和体格发育有负面影响。另外，在家禽，增强日粮维生素 E 的含量与加快骨小梁形成和生长板软骨的过程有关。目前研究结果认为；在断奶后饲喂不同的日粮对幼犬成长指标有关（在其他动物的实验结果也相同）。这个影响也许复杂，需要进一步研究，以确定成年犬在生长期特殊营养有什么作用，以及影响的程度如何和最终有何改变。此外，对体重的影响也要评估，就像 DEXA 数据分析一样，以保证出现这些不同是因为营养的影响，而不是机械刺激。

目前研究中，在 3~6 月龄，给 T 形迷宫实验增加侧侧障碍运动项目时，高 DHA 含量食物组比低 DHA 含量食物组，在两个时间点，其幼犬有更好的测试完成时间；在 3 月龄，高 DHA 含量食物组比中 DHA 含量食物组有更好的测试效果。这个运动过程的改善可能与补充认知过程营养的不同有关，很可能是神经认知发育和视觉功能的增强，改变了穿越障碍物的运动能力和方向改变后寻觅下一个目标物的能力。肌力、软骨组织强度、心排血量等额外生理因素和犬灵活性对该运动的结果也有影响。有趣的是：通过 DEXA 数据测试，尽管三个实验营养组的身体成分明显不同，但根据侧侧障碍运动任务的心理活动表现，在发育期的两个年龄段各组间有明显不同，高 DHA 含量食物组有更好的表现。

目前的研究最终认为：各组间 DNMP 任务（评估短时记忆为目标）的测试没有差异。奇怪的是，在其他动物实验报道中，能延长记忆保持的牛磺酸、维生素 E 等营养的浓度，在本实验的高 DHA 含量食物组幼犬中比另外两个食物组幼犬中浓度更高（也许在幼年动物中，视觉线索辨别记忆功能是最大的；或者这种改善是对视觉记忆能力受损的动物进行日粮改变所致；也或者，所有食物中补充的营养已经满足了成长幼犬记忆功能需求的足够数量）。

本研究的结果支持这个推断：饲喂富含加强神经发育（DHA、维生素 E、牛磺酸），提高免疫功能（维生素 E）和对抗氧化应激能力（维生素 E 和牛磺酸）的营养食物，能改善各种实验结果（辨别学习、心理活动能力、视网膜功能、抗狂犬病病毒疫苗的免疫学反应）。当然，如果实验的营养种类有别或者搭配的营养不同，因为食物的复杂性，在目前的研究中，可能测试到的差别也不同。不管怎样，血清 DHA 浓度与对比辨别学习、ERG 测试的视网膜功能有显著相关性。总体认为：这些营养是幼犬神经认知发育的主要成分。

译自：S. C. Zicker，D. E. Jewell，R. M. Yamka，et al. Evaluation of cognitive learning memory psychomotor immunologic and retinal functions in healthy puppies fed foods fortified with docosahexaenoic acid-rich fish oil from 8 to 52 weeks of age [J]. Journal of the American Veterinary Medical Association，2012，241：583-594.

译文载于：《养殖与饲料》，2016 年第 6 期。

9例 X 线透视引导下经皮膀胱顺行导尿治疗雄猫尿路阻塞的报告

【目的】描述 X 线透视引导下经皮顺行导尿术（PAUC）治疗雄猫尿路阻塞的技术和预后。【设计】回顾性系列病例。【动物】不能逆行插入导尿管治疗尿路阻塞的 9 只家养雄猫。【过程】从病历获取手术和住院的有关信息；通过病历记录和电话交谈得到的长期回访信息。【结果】诊断患有医源性尿道撕裂的病例（样本例数 $n=6$），尿结石阻塞的病例（$n=1$），尿道溃疡的病例（$n=1$）和尿道狭窄的病例（$n=1$）。9 例手术中的 7 例成功，PAUC 手术失败的 2 例是因为尿道器质性阻塞而造成导丝不能插入；手术时间 $25\sim120min$。所有病例在手术期间没有出现并发症。1 个病例术后因其他病实施安乐死；8 个存活的病例中获得了 6 个病例的随访信息，没有出现因为手术引起的并发症；6 个因下尿路再次阻塞的病例在 $0\sim42d$ 内均做了会阴尿道造口术（PU）；会阴尿道造口术后，根据病历分析，没有 1 例出现尿道狭窄，也没有 1 例出现与该病有关的临床症状。【结论和临床意义】根据评估结果，认为 PAUC 手术是简单、快速、微创、安全的技术，在选择性病例中便于穿过尿道放置导尿管；对于医源性尿道撕裂的病例也可选择。但对碎石性尿结石、尿道狭窄、尿道溃疡以及非膨胀性的膀胱病例则很少愿意使用 PAUC 手术。

雄猫尿路阻塞是严重的、对生命有潜在危险的兽医急症，也是常与自发性膀胱炎、尿道栓子相伴的疾病。雄猫尿路阻塞的治疗包括纠正电解质的平衡、恢复新陈代谢紊乱以及建立专门的泌尿系统。在大多数猫尿路阻塞病例中，逆行导尿是最容易、最快速的常用方法。然而，这个手术可能有尿道撕裂的危险；在系列病例的研究中发现，猫的尿道撕裂常由导尿术的创伤继发而成。但放置导尿管的尿流改道术，因造成的狭窄危险性小，对单纯尿道撕裂的病例容易治愈（当然这样的病例实施导尿偶尔也有困难）。在有持续性尿潴留症状的其他病例中，选择膀胱造口或尿道造口这样的尿流改道术，也许会有较长的麻醉时间。在传统导尿术失败的选择性病例中，建立专门泌尿系统、实施这种微创手术是相当可行的。

本研究报告的目的是描述在 X 线透视引导下经皮膀胱顺行导尿术的技术规范，评估雄猫在该手术后的临床预后。报告认为：PAUC 手术在多数病例是成功的，且并发症发生率较低。

1 材料和方法

1.1 病例选择标准

收集 2000 年到 2009 年在美国宾夕法尼亚大学 Mathew J. Ryan 兽医医院就诊时患有尿路阻塞和下尿路疾病继发的尿道撕裂的雄猫病历记录。如果初诊为尿路阻塞或撕裂，用传统的逆行导尿术失败而改用 PAUC 手术成功的病例也包括在本研究报告中。由外科住院医师和认证的外科医生所做的手术均在收集的范围。因为尿道膨胀不明显、不能导入 18-gauge 静脉管实施膀胱穿刺术的小膀胱病例不包括在内；病历资料不完整的也不收集。

1.2 医学和介入放射学疗法病历记录

资料收集包括雄猫色素、病史、临床特征、体征检查所见、血清生化分析结果和尿液细菌培养结果。收集到与手术本身有关的其他资料有诊断结论（是否由导尿术造成）、逆行导尿术结果（失败或成功）、手术时间、手术并发症、住院时间、PAUC 手术后到出院时间以及 PAUC 手术结论等数据。尽可能地收集了根据手术和组织病理学所见确定的尿道病理变化的成因以及通过病历记录和同每位畜主电话交谈获取的随访信息，还收集了向畜主询问的与下尿路疾病（包括异常发声、尿急痛、血尿症以及是否在"猫沙盆"外排尿等）有关的临床症状的复发问题；同时收集了雄猫的全身健康状况。

1.3 PAUC 手术描述

为便于手术，按照常规的操作规程，患猫采用全身麻醉的横侧位和腹侧位方式，剪去会阴部被毛，手术处擦洗消毒后放置无菌巾。所用的导尿管和导丝均在 X 线透视引导下操作。先触摸膀胱部位，将 18-gauge 静脉管向膀胱三角区的方向，经腹插入膀胱顶部（为便于经腹穿刺，可做 2mm 的皮肤切口），然后取出针芯，再将带有 3 路活塞的扩张装置系附到一个空的 20mL

注射器上和装有 50：50 的含盐（0.9% NaCl）消毒液和碘造影剂混合的 20mL 注射器上，根据膀胱的大小，抽出 5~10mL 的尿液（进行尿液分析和细菌培养），后在 X 线透视引导下，将适量的碘造影剂混合液注入到膀胱，直到膀胱中度膨胀，看见膀胱轮廓和清晰的近端尿道为止。此时，进行膀胱尿道造影摄影；再取出注射器活塞，将 0.035-inch 成角型亲水导丝通过导尿管插入，导丝用顺行方式在尿道上下移动，以刺激身体，便于穿出阴茎，使导丝完全穿过下尿路；最后将一个大小适中、充分润滑的复合排尿管或尖头切开的 5F 红色橡皮导尿管，按逆行方式通过导丝进入膀胱（如果需要，导丝的两端稍微拉紧，便于导尿管穿过），然后经导尿管将导丝拉出。最后使用导尿管排空膀胱尿液，将 18-gauge 静脉管从膀胱取出，导尿管常规缝合固定置留。

2 结果

符合研究选择标准的 9 只患猫，在评估过程中，没有一例被排除；病例均为去势的雄性家养短发猫，是传统逆行导尿术多次失败的病例，年龄在 2.5 个月到 10 岁之间（中位数，3 岁；均数，3.4 岁）。所有病例均有下尿路阻塞的临床症状（尿急痛 5/9、"猫沙盆"外排尿 3/9、血尿症 1/9）。关于尿路阻塞前的病史没做统一的收集标准，故未做分析。病例的膀胱有中度到严重的膨胀状；9 只猫有 6 只表现为不同程度地脱水；1 只猫出现休克症状（心动过缓，150 次/min；低体温，78℃，[华氏 94.6°F]；低血压，[收缩压 80mm Hg]），且体况虚弱。

所有病例均做了血清生化分析测定（血尿素 [BUN]、血清肌酐、血钾浓度）；其中 5 只猫的血尿素浓度上升至 34~231mg/dL（正常值；5~30mg/dL）；5 只猫的血清肌酐浓度上升至 2.3~11.6mg/dL（正常值；0.7~1.8mg/dL）；4 只猫的血钾浓度上升至 3.7~9.89mmol/L（正常值；3.5~4.8mmol/L）。所有存活的病例其氮质血症在 24h 内恢复正常。

收集到了所有病例在住院期间做的尿液细菌培养结果，每个病例仅有一种培养结果。住院期间的 9 个病例有 5 个是细菌阳性结果 [菌落数大于 10^5 cfu/mL]，（其中 1 个病例在 PAUC 手术中通过膀胱穿刺得到阳性结果；1 个病例在初诊做 PAUC 手术前 6d 通过膀胱穿刺术得到阳性结果；另 3 个病例分别在 PAUC 手术 4d、5d 和 6d 后，从放置的置留管排尿液中获取的阳性结果）。

对于坚硬的膨胀膀胱不能逆行通过导尿管的这 9 个病例，均实施了 PAUC 手术；这些病例在 PAUC 手术时和随后的诊断中，分别被确诊为医源性尿道撕裂（样本例数 $n=6$），尿结石阻塞（$n=1$），尿道溃疡（$n=1$）和尿道狭窄（$n=1$）。通过组织学分析评估，溃疡位于尿道海绵体部（手术时 X 线摄影阳性对照确定）；狭窄也位于尿道海绵体部。

9 个病例中的 8 例手术时间为 25～120min（均数，44min；中位数，33min），收集到手术时间的这 8 个病例中的 7 个，记录的时间有手术开始和结束的时间，另 1 例则没有手术结束的时间（从手术开始到拔出导尿管的总时间认定为 30min）。9 个病例中的 2 例同步做了经皮膀胱造口手术，放置了引流管（经皮膀胱顺行导尿成功 1 例，失败 1 例）。如果将 PAUC 手术失败的病例（样本例数 $n=2$）从分析资料中剔除，那么手术时间范围则是 25～40min（均数，31min；中位数，30min）。存活病例的住院时间为 3～15d（均数，9.25d；中位数，10.5d）。PAUC 手术到出院的住院时间为 2～10d（均数，5.75d；中位数，6d）。成功实施 PAUC 手术（样本例数 $n=7$）后，撤除置留管的时间为 1～10d（均数，4.8d；中位数，4d）。

9 例中的 7 例成功实施 PAUC 手术，失败的 1 例是因为在骨盆部尿道处挤压有小的阴性结石（在术中确定），不能将导丝穿过尿道（即前文叙述的 PAUC 手术时同步做了经皮膀胱造口术放置引流管的病例）；另 1 例是为缓解尿道阻塞的紧急情况，多次逆行导尿失败，不得不连夜 3 次实施膀胱穿刺术，次日早上逆行导尿又告失败的病例。这 2 个病例，均使用 0.035 和 0.018inch 导丝试图穿透阻塞物建立通道而没有成功。根据手术和组织学所见，两种型号的导丝不能通过尿道，是因为矿物废渣混合变成完全增厚的溃疡、造成了尿道腔内局部侵蚀而阻塞所致。

除导丝不能穿过尿道外，手术中所有病例没有出现并发症；分析病历和审查 X 线透视图像也没有造影剂渗出。1 个病例因对支持疗法、持续性氮质血症和低血压反应差，在术后 24h 实行安乐死；该例是 PAUC 手术成功的病例，在初诊时处于失代偿性休克状（低血压［收缩压 80mm Hg］、低体温［肛温 34.78℃］）以及严重的血清生化分析异常（血尿素浓度上升到 231mg/dL；血清肌酐浓度为 11.6mg/dL；血钾浓度为 9.89mmol/L）；此病例在初诊 4h 后即做手术，期间实施了积极的支持疗法；手术时间 35min，直到安乐死时，尿管仍置留在尿道内排尿。

存活的 8 个病例中，获取了 6 个病例的 7d 到 33 个月的随访信息（均数，44 周；中位数，2.5 周），没有发现与 PAUC 手术有关的并发症；此 6 个病例做了会阴尿道造口术（PU），其中 2 个是 PAUC 手术不成功的病例（1 个是 PAUC 手术失败后 2d 做了 PU 术，且成功放置了经皮膀胱造口术引流管；1 个是评估有严重的尿道狭窄不能治愈，PAUC 手术失败的同时，在麻醉状态下做了 PU 术，该病例后来被确诊为尿道溃疡）。另外 4 个为 PAUC 手术 7d 到 6 周后做了 PU 术的病例。根据病历与同畜主交谈得到的尿道再次阻塞的疑似和确诊症状得知：这些病例在 PU 术后，均没有尿道狭窄的记录；收集的随访信息也没有发现明显的扭伤、尿血症、在 "猫沙盆" 外排尿和复发的其他症状。根据和畜主的交谈，本报告认为：PU 术对所有病例的临床症状均有缓解作用。

3 讨论

本报告的研究证明，PAUC 手术成功治愈了 9 个（其中 6/9 为医源性尿道撕裂的病例）雄猫尿路阻塞中的 7 个病例，且没有出现并发症；所以该结论认为：PAUC 手术是一个简单、快速、微创以及安全的技术，可有选择地在经尿道放置导尿管的患猫病例中应用；目前研究的所有病例中，初诊时均有下尿路阻塞的病史，但没有明显的尿道撕裂病史；可能是在这些群体性病例中，仅仅具有尿道撕裂的急性特性。本报告中，因为 PAUC 手术时没有一例骨盆出血史，所以尿路撕裂很可能是对导尿术的医源性二次感染；因为该病例样本较少，只对诊断有尿路阻塞、尿结石阻塞、尿道溃疡的病例做了手术，而医源性尿路撕裂的病例才是真正理想的样本。

尿流改道术（膀胱造瘘术）有永久性和暂时性之分，一般通过各种尿道造口术（膀胱造瘘术）、导尿术或者此两种手术同步实施的方法来完成；暂时性尿流改道术用在能够治愈的病例、或身体虚弱而有全身麻醉手术时间较长的禁忌症病例上；膀胱造瘘术的引流管常在手术时放置，如果尿流改道手术时实施膀胱固定术，引流管要撤除。经皮膀胱造口术引流管可使用 Malecot 型导管、气囊导管、猪尾导管以及锁环导管，但都有尿液渗入腹腔的危险性；尽管膀胱造口术放置引流管出现的主要并发症较少，但据报道，膀胱造口术造成总的并发症高达 49%。另外，膀胱造瘘术的导尿管要在全身麻醉状态下进行，势必延长了患有各种程度和持续性尿潴留病例的手术时间。如果做经皮顺行导尿术，引流管一般要求放置 3~7d 或更长，这比希望实施暂时性尿流改道术病例放置引流管的时间要长。所有这些病例除了使用导尿管外，没必要放置引流管；即使在 PAUC 手术不成功的病例中也没必要放置。

经膀胱穿刺而做的暂时性尿流改道术已有描述，其并发症除短暂性镜观血尿、尿液渗出、膀胱壁损伤以及周围结构性损伤外，其他症状较少见到。在该报告中，主要描述的是关于使用 18-gauge 静脉管实施膀胱穿刺术的基本操作，所以，有理由推测：膀胱穿刺术和 PAUC 手术的并发症应该是一样的。膀胱穿刺术一般推荐使用 21-gauge 到 25-gauge 的针头，根据尿漏、膀胱壁损伤等膀胱壁缺损的程度，膀胱穿刺术出现的并发症可能比 PAUC 手术的要更多、更严重。但在该报告的研究中，还没有这样的定论；期待未来的研究，能够评估出包括尸检在内，和膀胱穿刺术相比，PAUC 手术潜在的并发症危险到底有多大（本报告中的一病例，因持续性虚弱体况，且对支持性治疗反应差，实施安乐死后未做尸检）。当实施 PAUC 手术或膀胱穿刺术时，应建议以 45°角刺入膀胱，以便通过膀胱壁创造一个倾斜的通道，理论上讲，当针拔出后，可创造一个更好的密封环境。如果膀胱壁有坏死、细菌感染等病变时，应将膀胱排空，以降低尿漏的危险。尿道撕裂的病例实施 PAUC 手术，它的优势是能够确定治疗方案，而膀胱穿刺仅仅是暂时排空尿液的应急措施。

这种能够规避逆行导尿失败问题的、自内而外的技术以及操作规程已做描述；因为该技术，要实施膀胱造瘘术，并能将导尿管穿过膀胱再用顺行的方式插入尿道；所以比较传统的逆行导尿，PAUC 手术的导尿管更容易进入尿道且易于放置，且能穿过尿道的整个长度。当导尿管放置后，另一个规格相似的导尿管可连接到该管的顶部，将原来的导尿管从膀胱拉出，再将新导尿管导入；最后用同样的方法拉出新导尿管。这些操作技术总体来讲是成功的，但必须实施膀胱造瘘术。本文描述的这个技术，在多数情况下，只需要表皮小的切口和一个膀胱穿刺术，和那些更多侵入性手术相比，降低了潜在的死亡危险，节省了手术时间。

PAUC 手术的时间一般较短，平均 44min（中位数，35min），该时间还包括所有病例进行阳性对比造影的诊断时间以及 2 个实施膀胱造瘘术病例放置置留管的时间。根据本文评估的手术时间分析，在单纯的尿道撕裂病例中，比较操作导尿管和膀胱造瘘术放置引流管的时间相比，临床医生宁愿选择尿路改道术。这可能也是手术时间较短的原因。

PAUC 手术失败的是导丝不能穿过尿道的 2 个尿路阻塞病例；1 个是

阴性结石挤压到骨盆部尿道，造成局部侵蚀的病例；1 个是阴茎部尿道内有混合的矿物废渣造成其完全增厚性溃疡的病例。这充分说明，尿道腔内有任何阴性结石等阻塞物将造成 PAUC 手术不能实施，所以在手术前判断尿路的病理变化非常重要。本文研究的一个尿路阻塞病例，就是在手术时通过阳性对比剂膀胱尿道 X 线照相术，确定了狭窄部位在尿道的阴茎部分；尽管 PAUC 手术在此病例成功，但很可能在狭窄严重或狭窄位于其他部位的病例很难实施。尿道狭窄的病例选择 PAUC 手术，其成功率有多大还需进一步研究。

　　本文描述的病例，虽然没有出现与 PAUC 手术直接有关的并发症，但应考虑到可能出现与膀胱穿刺术同样的并发症，所以曾报道的膀胱穿刺术禁忌症：如出血体质、肠管连附于膀胱以及肥胖症膀胱内容物异常等现象应该也是 PAUC 手术的禁忌症。

　　本文研究的在初诊有严重血清生化异常、处于休克状态且实施安乐死的一个病例（尽管接受了 4h 的积极支持性治疗，手术时间也较合理），很可能会有短暂的麻醉不良反应和致病性的紧急症状，所以不能说明麻醉本身有问题；该病例在 PAUC 手术时，尿液细菌培养为阴性，所以本报告认为：尿脓毒血症不可能是患猫病情危重的原因。

　　因为与 PAUC 手术有关的尿液细菌培养时间有其极端不确定性，所以尿液感染的病例实施 PAUC 手术是否安全就不能做出明确的判断（在所有病例中，PAUC 手术后 24h 内，仅有 1 例为尿液细菌培养阳性结果）。为了明确出现尿液感染的急症是否与 PAUC 手术有关，就需要所有病例在该手术时均提取样品，进行细菌培养。在目前研究的病例中，尽管尿脓毒血症不能确定为手术的并发症，但在术后，这些病例的尿液细菌培养和尿腹症状的频繁检测还是十分重要。在持续性尿路阻塞，怀疑有膀胱坏死的病例中，出现尿漏的危险性很高，应随时检测其并发症。

　　经尿道实施的导尿术，可能对尿道造成创伤和撕裂。本文研究的 9 个PAUC 手术病例中，之前就有 6 例记录有尿道撕裂，且部位均在骨盆部的尿道。随访信息得知：PU 术后，临床症状复发的病例没有一个存活。所以认为 PU 手术时没有出现形成狭窄的明显症状，尿道撕裂被治愈和修复的判断是合理的。

　　本文研究的一个最大缺陷是病例的回顾性特点，这导致了病例评估会出现多变性，获取整套分析资料也有困难；期待在未来的 PAUC 手术研究中，会有理想的诊断方法和治疗方案；另一个缺陷是研究的病例样品较少。根据本文病例的研究结果，不可能对怎样的病例或怎样的禁忌症适合 PAUC 手术做出明确的判断，所以该结论仅仅作为未来深入研究的向导和基础。

译自：E.S.Holmes，C.Weisse，A.C.Berent. Use of fluoroscopically guided percutaneous antegrade urethral catheterization for the treatment of urethral obstruction in male cats：9 cases（2000-2009）[J].Journal of the American Veterinary Medical Association，2012，241：603-607.

译文载于：《养殖与饲料》，2016 年第 4 期。

人和动物健康部门合作样板的西非现场流行病学及实验室培训项目介绍

摘 要 人和动物专家为更健康的世界而合作的概念已被倡导，但把"同一个健康"概念从思维变为行动仍存在挑战。直到 2008 年，西非爆发禽流感后，国际援助者对现场流行病学及实验室培训项目（FELTP）的资助才有了转机。在西非地区，人和动物健康部门的伙伴关系提高了人畜共患传染病的防控能力。FELTPs 采用 25%到 35%的时间授课，65%到 75%的时间现场培训方式，培养了多批次的内科医师、兽医、实验室专业人才，他们中间有两年制取得现场流行病学硕士学位和公共卫生实验室理学硕士学位的中等技术人才，也有短期素质能力培训的一线公共卫生监测人员；学员和毕业生编入多学科协作治疗组对本地和邻地的疫情进行监测、流行病学调查和发病机理研究。此项目的主要成果是培养了一批在传染病综合监控、疫情调查、防疫注射、实验室诊断、病理研究方面掌握关键技术的公共卫生骨干，以处置影响公众健康的首要问题；存在的最重要挑战是：这种需要资金捐助的项目最终能否成为多部门合作的"同一个健康"模式的新方法。

关键词 FELTP；动物健康

在过去的多年里，加强人和动物健康部门合作的意识有了逐步提高。这主要源于处置新发致病性人畜共患传染病，如 SARS、埃博拉、马尔堡、流感病毒的反应能力；也与增强了突发传染病、动物生产性活动、土地和水资源利用、气候变化、人口改变、食物消费性活动的应对措施有关。例如，在干旱或战争冲突中，会有更大密度的人或动物为生存而争夺水源，如果此时食物链中断，将出现大量的死亡动物产生腐尸，影响其野生动物存活，进而引发新疾病的产生。尽管人和动物健康部门的协作已经引起了足够重视，但理念远远没有跟上时代发展；人和动物疾病的医治者在几千年前就能理解共同治疗的好处，但古时候，治疗者往往是牧师，很介意将人和动物健康相提并论。18 世纪，法国里昂的马类医学创始人 Claude Bourgelat（1712—

1779），因熟悉国王路易十五时期的警察总监兼国务部长亨利·贝尔坦（Henri Bertin），就建议他创办兽医学院，以处置动物疾病，特别是牛瘟和马类疾病；1761 年，贝尔坦得到了路易十五国王的授权获准，在 1762 年，创建了世界上第一个兽医学院。从此，官方认可了动物健康也是"同一个健康"概念的一部分。马类是重要的交通工具，健康的马类动物也是不断增长的人口食物资源的基本供给来源。当时，因为兽医职业刚刚起步，所以 Bourgelat 不得不借鉴人类医学制订兽医课程；此事引发了欧洲各国的仿效，随之在法国和其他地区建立起了更多兽医学院。

比较医学和细胞病理学的创始者 Rudolph Virchow 提出了"人畜共患病"这个概念，并陈述："人和动物医学没有分界线，也不应该有分界线。尽管主体不同，但机理和医学构成是相通的"。现代医学和动物病理学的建立者 Sir William Qsler 在 1800 年后期提出了"同一个医学"的概念。

19 世纪，人和动物健康概念的倡导者发现了细胞病理学和微生物学，这些都对疾病的控制和预防产生了重要影响，使人和动物医学的比较研究有了很大发展。20 世纪，公众健康领域的发起者如 Calvin Schwabe、James Steele、Roger Mahr、Ron Davis 探寻了饥饿、贫困、气候变化、战争冲突、突发传染病等全球挑战因素间存在的关联性，更使"同一个健康"概念有了生命力。

治疗人和动物疾病的最初形式仍在传统的牧区社会遗存。"同一个健康"概念被使用的一些最好例子可在非洲国家发现，事实上，Dr. Calvin Schwabe "同一个医学"概念的再提出是受非洲的影响，当时他正在和南苏丹的丁卡牧民一起生活。此概念和更专门的学科方法比较，显示出了交叉学科间伙伴关系的另外价值。McCorkle 阐述，在发展中国家联合提供人和动物健康基本服务的跨部门合作比强制的西方二元式服务结构更方便、更适用。例如在乍得已经观察到，游牧部落牛的接种覆盖率比儿童的接种覆盖率更高，使人们意识到要通过兽医服务和儿童免疫机构的合作，进行人和动物疫苗的共同接种。

经过 19 世纪和 20 世纪的疫苗接种，世界卫生组织（WHO）在 1980 年宣布，一种危害全球人类的天花疾病灭绝；它是被宣布灭绝的两个传染病之一，另一个是牛瘟，它是 2010 年 6 月才被宣布成功灭绝的第一个动物疾病。值得一提的是，这两种疾病尽管侵害的主体不同，但控制措施十分相似，重点是放在疫苗接种上。另外，这两种疾病的灭绝得到了资金捐赠国、国际组织、国家政府和社团的支持，是他们完成了曾经承诺的各自分担的任务。

在人类疾病的预防治疗上也正经历着挑战；在尼日利亚，脊髓灰质炎的消灭计划和其他儿童免疫计划也因兽医对动物的疫苗注射和其他预防性健康干预获得成功；一些拒绝脊髓灰质炎和麻疹疫苗注射而出现麻疹爆发的社区，他们对牛的主要疾病的接种预防仍会进行，如果人和动物的卫生部门意识到互相合作能提供公众健康服务，那么这些社区可将对兽医的信任和信心转移到人类医学，从而对儿童进行预防接种。

在全球范围内，"同一个健康"概念需要人和动物医学对包括传染病学、实验室和环境监测在内的人员进行综合方法的培训、发展和服务做出实例示范。本报告，我们就特别描述了如此项目的一个实例：讨论了在西非"同一个健康"FELTP 模式下的实施情况和经验总结，探索了多学科合作对现有与新发传染病带给人和动物健康、食物安全和全球健康威胁的处置必要性。

1 FELTP "同一个健康" 模式

现场流行病学培训项目（FETP）由包括 WHO（世界卫生组织）在内的多个伙伴关系组织协助的美国疾病预防控制中心（CDC）设计主持；目的在于帮助一些国家培养公共卫生监测和反应系统的专业人员。此项目于1980 年设立，起源于 CDC 长达 61 年的流行病学情报服务机构。像流行病学情报服务机构一样，FETP 是两年制的、培训现场流行病学和公共卫生服务人员操作技能的项目。培训者有联邦卫生部官员在内的学员，他们可申请到一线公共卫生部门工作，以共同处置健康第一的国家事务。2004 年，肯尼亚卫生部、CDC 和其他伙伴关系组织实施了第一个现场流行病学培训项目，此时，增加了实验室的内容，形成了现场流行病学及实验室培训项目（FELTP）；该项目联合培养能够加强公共卫生事件监测、系统反应和实验室健康网络的内科医师和实验室技术人员。

FELTP 第一个目的是强化国家公共卫生系统对疾病监测、流行病学调查与反应系统的处置能力；另一个目的是培养掌握应用流行病学先进技术的职业人员，提高为国家和地区一级公共健康系统服务的能力。到目前为止，在卫生部官员、科研机构、CDC 和 WHO 的支持下，非洲的 FELTP 已经对内科医师和其他人类健康执业者提供了基本培训；要求兽医部门参与和招收兽医人员是该项目的例外规则。在新 FELTP 的计划、发展和运作过程中，介入的兽医、农牧部门官员均和人类卫生部门的人员一起工作，这些都有效地平衡了教学内容，促进了包括动物疾病检测在内的疫病早期诊断和反应系统的能力。

在撒哈拉南部非洲，那些开展能力本位培训项目的国家，通过两个非盈利性的网络组织，合作分享了 FELTP 和类似项目的资源与最好的操作实务；即流行病学培训项目和公共卫生干预网络与非洲现场流行病学网络（AFENET）；前者代表了世界各地各类 FETP、FELTP 和类似项目。后者则是第一个已经建立的区域性项目。AFENET 给非洲公共机构提供了一个平台，以保证 FELTP 和类似项目能适应撒哈拉南部非洲国家最有关、最重要的"同一个健康"模式事务的课程。AFENET 也根据技术援助、社会动员、管理支持对 FELTP 成员国提供了直接服务。AFENET 和 FELTP 联合其他机构为这些国家提供了 IHRS（国际卫生条例，2005 年修订）所要求的另外的人力资源与技术支持，最终加强了影响本地动物和人类健康疾病的早期诊断、疫情报告和反应能力。

2　西非的 FELTP

目前，FELTP 在西非三个国家（布基纳法索、加纳、尼日利亚）以及其他九个另外的非洲国家建立组织；加纳 FELTP 于 2007 年建立，把加纳大学的公共卫生学校和加纳卫生署作为基本的主持机构；截至 2011 年，5 批 37 名学员已招录到该项目，按加纳 2010 年人口 2400 万计，每百万人口有 1.54 个学员；37 人在全面完成要求的训练课程后，获得了传染病学和疾病防控技术的硕士学位。

尼日利亚 FELTP 于 2008 年建立，将联邦卫生部、联邦农业和农村发展部、Ahmadu Bello 大学、Ibadan 大学作为基本的主持机构，2011 年，有 3 批 65 名学员招录，按尼日利亚 2010 年人口 1.583 亿计，每百万人口有 0.41 个学员；65 人均获得了公共卫生硕士学位，其中 29 人为现场流行病学医学硕士，21 人为兽医传染病学理学硕士，15 人为实验室传染病理学硕士。

FELTP 也于 2010 年在西非法语区（布基纳法索、马里、尼日利亚、多哥）的国家建立，WHO 的多疾病监测中心和 Ouagadougou 作为主办机构；2011 年，有一批共 12 人参加该项目学习，按该区域 2010 年人口 5410 万计，每百万人口有 0.22 个学员，12 人均获得了公共卫生硕士学位，其中 4 人为现场流行病学医学硕士，4 人为兽医传染病学理学硕士，4 人为实验室传染病理学硕士。

2009 年 5 月，美国国际开发署召开了西非 AFENET 的研讨会，重点支持建立标准化课程，其中包括指派动物和人类医学专家与机构帮助开展培训。西非禽流感的爆发创造了一个加强动物和人类医学部门强化合作的机会。研讨会期间，关于"同一个健康"概念和人与动物健康部门合作伙伴关系一致意见的阿克拉宣言（Accra Declaration）被起草。此宣言肯定了西非人和动物健康部门在人畜共患疾病有效防控方面所做的努力。

西非 FELTP 强调了人和动物疾病专家为了加强人畜共患疾病的疫情监测和反应能力是如何在一起培训和工作的。这些两年制的、能力本位培训的学员，25%～35% 的时间在课堂，65%～75% 的时间在疾病的预防现场实践中开展培训工作；项目培养出了多批次的医学硕士、兽医硕士和实验室传染病理学硕士。这些毕业生在学院教职员工和住院医师的监管下，完成了流行病学调查报告、公共卫生评估报告和公共卫生项目实施报告。住院医师都是有经验的现场传染病学专家，对主办 FELTP 的国家卫生部官员、农业部兽医管理局和学校教职员工能够提出具体的技术指导。两年制的培训，最突出的是培养出了在公共卫生监测、流行病学调查、疫情反应、传染病学研究、实验室管理、经济风险决策分析、科技宣传、卫生管理与关系方面掌握必要技术和能力的未来专家。

此项目的最大成绩是为公共卫生系统训练出了贡献关键能力的专业人才。FELTP 不仅能保证培训者（住院医师）接受能力本位培训以处置公共卫生事件，也加强了学员参与到多学科或公众健康队伍中处置疾病监测、疫情调查与反应的配合协调能力。

除了两年制的培训项目培养硕士外，FELTP 还开办了一系列短期培训班，为地区一级培养公共卫生一线工作者。短期培训侧重培养地区一级掌握传染病学知识的疾病控制和监测人才，提高包括人畜共患疾病在内的疫情监测、流行病学调查和反应能力。短期培训通常也将注意力放在公共卫生循证医学的决策上。每个短期课程培训期间，参加者要接受分配的、在 FELTP 教职员工和住院医师监管下操作的、以服务为导向、能力为基础的项目培训。为给循证医学的决策和行动提供服务，他们还将研究发现的成果传送给有关的利益共享者；短期培训项目反映出了人和动物健康部门的充分合作，具体实例有包括对狂犬病、拉萨热、裂谷热、流感、布鲁氏菌病、猪囊虫病、蠕虫病、肺结核等传染病学的共同研究等。这些项目可为疫区的人和动物卫生部门进行疾病监控提出及时的建议。短期培训的人员均来自不能进入两年制培训项目的卫生和农业部的官员。两年制毕业生和短期培训的学员均成为了国家或地区一级人和动物公共卫生领域的骨干和带头人。

3 结论

总体来讲，采用由西非 FELTP 培训和服务的"同一个健康"模式，已经促成了本地和世界范围内公共卫生健康平台的建立和系统能力的广泛提升。2007—2011 年，43 人已经完成了两年制的 FELTP 培训，其中包括加纳 FELTP 培训的 7 名内科医生、7 名兽医和 4 名实验室专业人员；尼日利亚 FELTP 培训的 6 名内科医生、4 名兽医和 3 名实验室专业人员；西非法语区 FELTP 培训的 4 名内科医生、4 名兽医和 4 名实验室专业人员。这些人才有利地推动了国家公共卫生中等水平执业者的发展，因为他们掌握了人畜共患传染病及其他传染病或非传染病的综合监控、疫情调查和反应能力的关键技术。

来自以上 3 个 FELTP 的住院医师已经帮助处置了 49 个高致病性疾病的流行病学调查和反应系统的应对，其中包括 2011 年加纳爆发的与猴有关的疱疹病毒性脑炎和猪狂犬病疫情的第一次报告；尼日利亚北部爆发的铅中毒调查；2010 年在西非地区 H1N1 型流感病毒的传染病学调查以及 2008 年在加纳和邻国爆发的禽流感疫情调查。

此外，对人畜共患传染病的预防管理也取得进展；2009 年，死亡率高的狂犬病病例发生后，FELTP 的住院医师参加了加纳、布基纳法索边界地区的狂犬病疫苗注射活动；同时，加纳、布基纳法索、尼日利亚多个地区的兽医硕士也应用他们的现场流行病学知识对爆发的狂犬病进行早期监测，并且迅速开展社区卫生教育以及对人和动物狂犬病疑似病例或确诊接触病例预防注射；所有这些都提高了对狂犬病的预防意识，避免了死亡病例的发生。

FELTP 的实施，有效地提高了人畜共患传染病及其他重要传染病的综合性、多部门早期监控能力。项目的毕业生已经评估了总计 66 种疾病的监测系统，包括炭疽、布鲁氏菌病、狂犬病和锥虫病等人畜共患传染病和黄热病等其他疾病的监测系统。在加纳和尼日利亚的评估成果均以报告或论坛的形式和卫生部、农业部、兽医管理局以及其他国家或地区的利益共享者分享，大大提高了动物和人类健康部门在疾病监测、疫情报告、系统反应方面的合作程度。2009 年招录的 FELTP 学员就积极参与了从尼日利亚朝觐回国人士的 H1N1 型流感病毒的监测。

提高免疫率的综合接种是 FELTP 取得的又一成果。例如，FELTP 的住院医师曾开展了大规模疫苗注射，以应对在加纳沃尔特地区和东部地区爆发的狂犬病和麻疹疫情；在加纳上西区爆发的黄热病疫情；在布基纳法索、加纳、尼日尔、尼日利亚、马里、多哥发生的脊髓灰质炎疫情和在布基纳法索、加纳同时发生的脑膜炎疫情。来自加纳、尼日利亚 FELTP 的 3 个住院医师利用所学的技能在 CDC 主导的"停止传播小儿麻痹症倡议"帮助下，领导了肯里亚、尼日利亚和巴基斯坦部分地区的国际免疫行动；西非法语区的 FELTP 住院医师参与了在布基纳法索的脑膜炎接种行动；尼日利亚 FELTP 的住院医师参加了疫苗不良反应事件报告系统的组建运行。

FELTP 首先具备了优先处理公共健康问题、提供公共健康行动和战略发展的循证医学和制订公共健康政策的能力。到 2011 年 12 月，3 个西非 FELTP 住院医师已经策划出台了传染病的监控方案，这些均为医学、兽医学和生物医学的研究提供了捷径。研究的新成果重点应用到了公共卫生行动、战略制订和本地各类事务的处置上。例如，在尼日利亚，一位 FELTP 的毕业生做过调查：因缺乏知识，被犬咬的只有不到二分之一的病人接受狂犬病疫苗注射，所以应制订具体战略，提高民众的防控意识；同样，加纳 FELTP 的毕业生在所做的多地爆发狂犬病的调查报告和监控系统评估报告中也建议，应实行包括狂犬病在内的疫情日常报告制度，对人和动物健康部门收集的被犬咬病例的资料信息进行分享。

FELTP 的另一个成果是改善了疾病的实验室诊断技术。在疫病调查过程中，更好地利用现场样品、处理样品很关键。FELTP 的毕业生不仅能在疫情爆发期间与现场收集样品过程中应用所学的知识，而且也能够培训本地人员对样品进行收集和处置，进而改善地区一级的样品处置能力；在加纳、尼日利亚的实验室理学硕士已经创建小额赠款项目，用于培训地区一级实验室人员，重点课程包括现场样品的收集、处置、运送以及如何给卫生部或农业部兽医管理局疾病中心报告分析结果等内容。

4 讨论

非洲地区长期缺乏疫情爆发的确诊、调查、反应等公共卫生监测系统所需的专家、技术、设备和后勤资源；也缺乏现场传染病和公共卫生实验室的专业人才。FELTP 的"同一个健康"模式将通过联合培训现场传染病和公共卫生管理方面的医师、兽医和实验室技术人员的方式来弥补这个缺陷。这些都通过对一线的监测人员、兽医人员、疾病防控人员、环境卫生人员和实验室人员进行短期培训来完成。虽然，FELTP 网络没有对西非国家造就出顶尖的人畜共患传染病监测系统的现场流行病学专家，但培养出了大批掌握人畜共患传染病或非传染病的监测、流行病学调查、反应能力等关键技术的中等水平公共卫生执业者。

修订的 IHRs 是一个有法律约束力的条款，目的是鼓励缔约国要及时调查和报告暴发的疫情和全球关注的被认为影响公众健康的重大事件，如高致病性禽流感、SARS、肺结核、布鲁氏菌病以及其他严重疾病等，其中有许多是人畜共患传染病。IHRs 被作为预防传染病扩散，尽量减少国际交通运输的法律武器而存在。具有里程碑意义的是：缔约国向 IHRs 承诺，要对本国疾病的监测、反应能力以及采取的行动方式做出评估，保证关键的公共卫生运作核心能力正常化。如，2008 年 FELTP 住院医师对禽流感疫情的流行病学调查、早期诊断和及时报告所做的努力；2010 年和 2011 年在加纳多个地区暴发的狂犬病的迅速应急反应；2009 年和 2010 年加纳、尼日利亚发生的 H1N1 型流感病毒监测以及病例的最终确诊；西非国家零星爆发的疫情监测系统评估都是支持把 FELTP 作为 IHR 成功运作样板的最具体实例。

5 经验小结

西非 FELTP 的经验说明：联合培养医师、兽医、临床卫生专家、传染病学专家、环境卫生人员以及实验室或生物医学科学家是处置人畜共患传染病及其他影响人类健康疾病的有效方法。人和动物卫生健康部门的合作虽然正经受挑战，但西非 FELTP 确实增强了防控各类传染病的处置效率和建立稳定伙伴关系的成功概率。

在计划和实施的各个阶段，卫生部和农业部的合作为 FELTP 住院医师在现场事发地解决当前事务提供了机会，这进一步促进了作为国家卫生系统组成部分的 FELTP 机制正在形成制度化。

人畜共患传染病的监测和应急反应通过人和动物卫生部门的合作关系得到落实（因为爆发的主要疫情是人畜共患传染病），且能为 FELTP 毕业生切实缓解突发传染病危险而加强国家和国际合作提供职业路径。因与多所大学和其他人和动物卫生机构开展合作，使得 FELTP 获得了更多的培训资源，包括信息分享和后勤保障等。不管怎样，这些都为扩大从事培训、研究、服务的专家队伍提供了广泛的益处；能给 FELTP 的毕业生授予硕士学位，也对正在培训的学员和 FELTP 主办国产生更大的激励；它对学员职业提升和项目的可持续性发展提供了楷摸。

加强人和动物卫生部门的疾病早期监测、疫情报告和应急能力，使 FELTP 能够按照全面修订的 IHR 的要求，对缔约国提供必要的人力资源和技术支持；此外，FELTP 为人畜共患疾病防控中提倡的"同一个医学——同一个健康"概念中促进人和动物卫生部门的合作关系也提供了独特的机会。部门间稳定的伙伴关系、诚恳合作、密切交流使得人和动物健康专家对疫情形势能做出更完全的判断和正确决策。通过 AFENET 的努力，最终能将西非 FELTP 取得的经验扩展到其他非洲地区。

6 行动需要

要想和正在引起关注的"同一个健康"概念取得一致的效果，就要像诸如非洲和其他地区的 FELTP 成功模式一样，给予不断持续地支持。对发展中国家公共卫生和食品安全有意向的资金捐助者，应考虑将重点放在像 FELTP 这样成熟的项目上，因它已是生源充足，对未来若干年起到了经验传承作用的项目。申请主办 FELTP 的国家，必须制订健全的培训机制，承诺 FELTP 毕业生有处置当前和未来公共卫生事件的职业机会，并能成为未来该领域的带头人。将来，所有地区应该有 AFENET 这样的区域性平台，以保证人和动物卫生部门在统一战略规划下有稳定的合作伙伴关系；此外，要建立退出机制，以充分保证资金捐助者的所有权和责任。

译　自：K. M. Becker，C. Ohuabunwo，Y. Ndjakani，et al. Field Epidemiology and Laboratory Training Programs in West Africa as a model for sustainable partnerships in animal and human health［J］. Journal of the American Veterinary Medical Association，2012，241：572-579.

译文载于：《兽医导刊》，2015 年第 12 期［下］。

猪人工授精技术在美国的新进展

Robert V. knox

（美国伊利诺伊大学厄巴纳分校，伊利诺伊　厄巴纳　61801）

1　猪场简介

美国大多数商品种母猪都是通过人工授精培育的。全美有 580 万头繁育母猪，平均每个猪场有 1 300 头；超过 70% 的母猪饲养在环境可控制的妊娠舍内，并且大规模的人工授精技术的应用减少了技术工人的使用。美国最大的前 25 名商品猪场母猪存栏规模从 35 000~876 000 不等，总数达到 300 万头，几乎占到全美种猪群的一半。农场的规模与人工授精技术的应用也有关系，规模超过 500 头的猪场约 90% 会使用人工授精技术，存栏超过 5 000 的大牧场其活产仔数比平均数更高，并且实行总的限制体系、持续流动培育、全进全出的产仔和分离生产管理。总体来讲，这些养殖场抓住规模化的优势，对猪群的疾病控制、育种、繁殖以及员工的劳动强度，能够实施先进的技术管理。

在母猪场，断奶对母猪的繁育很重要，较大的农场，每周都安排几天时间，按照程序断奶（移走母猪，或移走仔猪等），员工的劳动强度很大。对公猪的采精及精液运送也很关键。因此，北美的母猪场和公猪站对技术员工要求很高，他们对生产起决定作用，员工需求受规模的大小和培育而定，几乎有一半的牧场，每人每周都会对负责的 50 头甚至 100 头母猪进行培育、发情检查、运动控制和饲养等。

繁殖场饲养的多数为断奶母猪。发情检查对受胎率有很大影响，70% 的牧场在断奶之后 1~2d 开始发情检查，一些牧场在每天早晨检查发情，一些牧场每天检查 2 次。较大的牧场使用公猪试情，每次使用多个公猪，或用假公猪；对每头母猪试情的时间是 1~3min。要求在 75~80mL 稀释后的每份标准精液里含有 30 亿个活动精子；90% 的母猪能接受 2 次人工授精。有发情表现时人工授精 1 次，24h 之后再进行 1 次。美国繁殖场使用的多数精子由公猪站生产提供；这些隔离的、专用的精子及设备均能预防疾病传染、提高精子受胎率。多数公猪站有 50～500 头公猪，每头公猪 1 周采精 1 次，约 800 亿～1 000 亿个精子，这些精液根据需要，用 5d（中期）到 10d（长期）期限的稀释液进行稀释，在采集 1d 内运输，第 2 天到达母猪场。精子在恒温箱中保存，温度控制在 16～18℃，到母猪场也贮存在这个温度条件下。在母猪场，不管使用哪类稀释液，多数精子几乎在采精后 4d 内用完。精子的需求量由农场规模大小而定，一半的大牧场每周接货 2～3 次，所以几乎所有的牧场每天都在订购和使用精子这样一个循环当中。根据发情表现使用人工授精，多数牧场进行人工授精时，要求对母猪背部按压、公猪接触、侧面触摸，此时精液才能靠自然重力流入子宫。美国的人工授精系统是成功的，平均产仔率 83%，平均窝产数 11 头。

2　公猪的生育能力评估流程

公猪的采精能力对人工授精至关重要。每个公猪每年配种 500 多头母猪；母猪怀孕率、窝产数取决于精子的质量，更取决于公猪每周的采精量能否达到期望的精子数，以满足人工授精的需要。公猪的生育能力不是一成不变的，它一直处于动态变化当中。所以精液评估是一个反映 1 次或几次采精的短期指标，与公猪的生育能力无关。例如，在采精高峰，精子质量检测时正常精子有增有减，使得有较大潜在繁殖能力的公猪也许与员工的期望不符；同样，确定为劣质的公猪，在加强运动后可改善精子质量；所以精子评估受质量控制、先天缺陷和公猪寿命等因素的影响。公猪的能力以产仔率和窝产数确定，这 2 项结合才能说明每年每头猪产仔数指标的好坏。田间的野外授精实验是有问题的，因它靠大数量的精子和多次授精取得高繁殖率，这些设计补偿了精子质量低下的缺陷，也掩盖了对排卵时间的掌握。在标准的商品猪生产中，为防止使用劣质猪的精子造成经济损失，常使用多个公猪采集的精子库精子。总体来讲，使用精子库精子、输入过量的精子和多次的人工授精可预防公猪繁殖力低下的不足。野外试验不好控制、花费时间更长、代价昂贵，在规定的时间内只用少数公猪实验，所以用射精量评估公猪的繁殖力，其必要性和价值还需商榷。

在繁殖场，精液评估是常规性的。因每天公猪站有多次采精过程，精液评估要简单、快速、准确地进行；在公猪站使用的多数实验是作为质量控制的射精分析实验，但不用来提供真正公猪能力的信息。不管选择哪个实验，应该对控制条件下射精能力和作为精液质量的指标提供一个清晰的能重复的方法。评估精子活力使用显微镜，以便直观看到浓度、运动力、凝固性、细菌、形态学和存活力，这些措施能提供有关射精潜能的一些信息，以评估是否可用。精子浓度一般由显微镜、光度计和计算机辅助分析法（CASA）鉴定，浓度是限定项目，且是对繁殖能力有关的低浓度、低精子数的精液质量的指标。

精子活力由显微镜和CASA决定，显微镜是主观分析，简单但准确性不够；CASA分析改善了许多主观因素，虽昂贵，但更迅速。

运动分析用来确定精子的活动好坏。射精量中必须达到>70%的活动精子；评估公猪稀释液的样本一般在采精之后几天或在存在问题母猪的情况下进行质量控制；精子的活力与运动性关系密切，但并不是非运动精子都是死精；当活力低时，其活力靠显微镜的染料排除法决定，它是一个有价值的试验。精子形态学由固体标本在显微镜下检查，以区分它们的异常和异常发生率；精子评估包括顶体、中段和尾部的评价。一些实验能够确定与降低受胎有关的畸形精子。

3 精子稀释液的使用现状

贮存过程中，精子稀释液对维持受胎率起关键作用。其作用包括扩大容量、中和副性腺、稳定精子质膜、帮助精子获能、平衡渗透性和防止运输中的温度休克。稀释液可提供营养，防止细菌滋生，可改变精子正常生理过程、减少代谢活力、延长在低温状态下的寿命。正常情况下，精子在37℃存活仅数小时，而稀释状态下，在更低温度可生存数周。降低温度使公猪精子易造成质膜破坏、活力不稳和冷休克。因为精子在15~19℃时，仍能正常新陈代谢，稀释液的成分能防止精子质膜破坏和冷休克。缓冲液能防止精液pH值改变，射出的精液pH值是6.8~7.2，因为精子能够分解单糖，在没有缓冲液的情况下，pH值很快降低而造成乳酸产生。缓冲液有许多种，如碳酸氢钠缓冲液、磷酸盐缓冲液和N-2-羟基乙酯呱嗪乙烷硫酸缓冲液。缓冲液能使精液pH值保持在6.5~8.0和7.0~9.0，当然也取决于温度。稀释液通常包含单一的能量物质，如单糖、葡萄糖和果糖。以盐形式存在的电解质可维持精子的适当渗透压；质膜的稳定性通过结合钙质，如 EDTA、TRIS 和柠檬酸钠等螯合剂来完成。一些诸如蛋黄、蛋白、奶蛋白和 PVD 的大分子能进一步稳定质膜。稀释液中通常还有抗氧化剂等其他成分。在稀释液中添加抗生素如庆大霉素、新霉素和壮观霉素也以防细菌污染。一些稀释液配方公开，市售的商业稀释液的配方和配方比例享有专利。BTS 是原始、标准的稀释液，它简单、价廉，归类为短期（2~3d）稀释液。稀释液的选用主要根据 1 周内精液用量、运输、成本以及配种的时间而定。短期的可在采精后保存 3d 的精子中使用；5d 以内用中期类稀释液，7d 以上可用长期类稀释液。低温贮存能降低精子新陈代谢、抑制细菌生长，温度在 37℃ 时，精子在 12h 后便会失去 DNA、活性甚至死亡，而在 5℃ 时，可发生不可逆转的质膜破坏。

4 授精时间和受胎影响因素

人工授精时间关系到产仔数的多少、经济回报和母猪的空怀数。解决这些问题，需要从猪场过去的记录和培育过程查起。探究授精时间问题，应评估母猪健康、环境因素和饲喂情况。这些问题对正确掌握授精时间有不可低估的作用。排卵前 24h 第 1 次人工授精，容易怀孕并且有高的产仔数；当排卵前超过 24h 或排卵后超过 8h，怀孕率下降，第 1 次授精应尽量缩短从排卵到授精操作的间隔时间。应注意的 2 个特别因素，一是授精后在母猪产道内精子是否存活，另一个是排卵后卵子是否存活。稀释的精液的授精时间最好在 24h 内，但也受精子质量、精子数、子宫的传送效率和授精方法的影响。母猪的卵子排出后 3h（卵子只有 8h 受孕寿命）易受孕形成胚胎。为适应卵子的这个很短的受孕时间周期，第 1 次授精应在排卵前 24h，以便精子有更多的时间在子宫移动、获能并建立精子贮库。

因猪的发情时间与排卵有密切关系，在一个发情期内要有多次配种。比较多次授精来说，1 次配种常造成低怀孕率，因此，目前的人工授精技术则采用每天对静立发情母猪 2 次配种。在一个发情期 3 次配种的资料显示，因频繁检查发情、掌握发情天数和存在以后的授精问题工作很难做到。也有些研究表明，考虑到人工费用和以后的配种危险，不适用这种方式。排卵超过 8h 授精，容易空怀。21d 后阴道出现分泌物，说明再次发情，产仔数明显降低。因猪的发情和排卵间隔时间有个体差异，配种时间容易人为出错。后备母猪正常的发情期为 1~2d，且在发情开始后 32~38h 排卵；成年母猪发情期 2~3d，在发情症状开始后 38~48h 排卵。母猪的发情期长短与断奶到表现发情症状的间隔有关，一般是在仔猪断奶后 3~6d 发情，发情期长短和发情到排卵的间隔时间均与断奶到发情间隔时间呈相反关系。通过对断奶到发情时间间隔和断奶到初配的间隔时间分析评估，受胎能力存在差异。

发情检查是评估母猪受胎能力和推算排卵时间的真正依据，所以改进发情检查程序是掌握人工授精与排卵时间的技术操作过程。为使发情检查更有效，必须做到连续、准确和敏感，增加每天的观察次数，提高准确度。如果每天早上到下午有 8~10h 的操作间隔，应检查 2 次发情；相比较来说，每天 1 次公猪接触，就会存在 23h 的误差，缺乏准确性。在不到 8h 内接触 1 次，则增加怪异行为的可能，所以在每天 2 次授精的体制下，应做到 8~12h 检查一次发情，在发情症状 12~24h 后授精。更多的是在排卵前 24h 内进行第 1 和第 2 次授精。

发情检查对配种时间至关重要，公猪出现时，提供良好的光线、好的空气质量、限制风速、低噪音才能提高公猪对母猪的刺激效果；公猪从猪舍出来不能靠近母猪，避免直接或在棚栏内接触来检查发情。为避免古怪行为出现，应快速、有效检查发情，防止母猪对公猪失去性欲。值得一提的是，每天对同一母猪检查发情应在同一时间接触公猪和使用同样的方法。刺激方式包括背部按压、侧面和后部按摩。是否发情应根据背部按压和人工骑压的阳性和阴性刺激反应来决定，也包括母猪不再发出尖叫、耳根部抽动或竖耳症状。已知资料告诉我们，对于后备母猪、断奶母猪受胎能力的评估要从与发情期、人工授精时间、断奶到表现发情症状的间隔时间的记录找原因，以纠正人工授精的时间错误。弄清发情期与排卵之间的关系，可以帮助农场更准确掌握人工授精的时间。人工授精有技术问题的农场应该从现代繁殖场每天 2 次检查发情的资料来分析，以修订人工授精的操作规程。这些资料可以总结出发情期类似的母猪群中有多少母猪的排卵时间类似。数据显示，有 65% 的母猪排卵时间相同。因为知道了确定的的发情鉴别标准，每天检查 2 次发情，估算出排卵时间，就能对后备母猪、断奶母猪第 1 次和第 2 次人工授精做出当天和以后的时间安排。

5 人工授精的操作规程和对受胎的影响

被实验和评估的新技术能改善受胎率、减少失败、降低人工成本、消除对传统技术的模仿。从实践的角度看，一旦发情被鉴定，配种计划便迅速制订，下一步就是在子宫输精的过程了。经验知道，这个过程都能成功操作，但优秀的员工能提高每年母猪窝产数的指标，否则，会降低窝产数，造成母猪流向他处。在发情期，输精器被锁定在子宫颈的第2~3褶折处，将17℃的精子使用中度压力和自然重力流入。多数母猪接受背部按压以及侧面、乳头的按摩，促进荷尔蒙的释放，刺激子宫收缩，创造一个精子从输精器到母猪产道后贮存的空间。一旦精子排入子宫，靠子宫肌肉的快速持续收缩，运送到子宫前壁和子宫后壁的输卵管。子宫收缩是由荷尔蒙、脑下垂体后叶素、前列腺素和雌激素的作用和来自母猪产道感知系统刺激造成。精子在运行过程中，与子宫及输卵管液体接触而获能。输精后1h，免疫反应提高，渗透大量的白细胞，将子宫中死精和残精清除；几个小时后，多余的精液、精子和白细胞从母猪产道回流排出。输入的数以亿计的其他精子（少于输入量1%的一半），在子宫和输卵管建立贮存，贮存的精子在排卵前24h或者在排卵后8h仍有受胎功能，贮存的精子被认为和输卵管的卵细胞结合，在那里等待排卵信号后，准备精卵结合。

公猪因诱发母猪释放脑下垂体后叶素刺激子宫收缩对其有性刺激。荷兰研究者发现，人工刺激和喷洒弗洛蒙而产生性诱导并不合适。人工刺激使子宫收缩、形成负压助推精子从输精管到子宫的理论是清楚的。自然交配时，公猪可诱导母猪出现静立反应；而人工授精时公猪是否在场，对性刺激没有阳性反应，因此认为公猪本身对正常发育的母猪诱发荷尔蒙分泌和刺激子宫收缩作用不大，但体况差的母猪除外。商业化猪场输精器的使用证明对母猪没有明显的刺激作用，因常用的输精器只是插到母猪子宫的第2~3个褶折处。这个位置是子宫颈（宫颈管很小，仅容纳10mL），而多数精液则进入到子宫体，只有旋转输精器才能比有泡沫顶端的输精器插的更深，所以这类输精器对母猪没有大的刺激作用。当然，某些输精器也有它的先天优势，这与母猪的子宫颈多变、年龄、胎次、稀释液的数量和产仔之间的间隔有关。大小适宜的输精器对精子进入子宫防止漏出有很大的帮助。流行的自动输精器对母猪的背部和侧面产生压力，能使多余的大量精液流入子宫，用此方法一个员工可以同时对多个母猪进行人工授精操作；当然输精器的卫生状况也很重要，操作时不注意消毒，使微生物进入子宫易造成阴道感染，分泌物增多。这些外来的病原体可产生免疫反应而影响受胎率。阴部潮湿、污染有粪渣均可引发母猪生殖道发生疾病而影响繁殖力。

成功授精后，有可能出现精液未能进入子宫而漏出或因子宫的影响而返流。荷兰科学家证实，输入量太少或漏出太多均影响受胎能力。精子漏出与操作技术、输精器放置以及输精速度有关。美国北卡罗来纳州立大学的研究认为，输精技术不当可降低精子的活力，对产仔率有很大的影响，但对窝产数影响不大；为预防漏出，操作人员应选择容易插入和安全锁定的输精器（塑料、泡沫或其他类）。输精器一旦感觉到阻力，说明送到位置，此时轻微调整或逆时针或顺时针旋转，或迅速移动则能完成插入。输精器能否到达位置，需有经验的人员操作，这样输入的精液才能不受妨碍流入子宫颈。精液易漏出或易贮存在阴户处的母猪应缓慢挤压输精器。因为精液漏出或贮存在阴户内，母猪容易产生反射，出现骨盆收缩，将精液挤出阴道。每头母猪应在 3~5min 之内全部推入输精器内的精液。

利用弯曲的输精器拨动子宫颈 15min 使子宫体很快扩张，是防止精液倒流的一个不错的尝试。如果输精后，母猪立即躺下，则易造成精液回流。

6 子宫内少量精液的人工授精法

猪人工授精在全球持续增温的时候，利用更少的精子能取得满意受胎率的方法应运而生。减少精子使用的人工授精技术能使优异公猪的有限精子服务更多的母猪，因为每次人工授精时精子数低于 20 亿或者授精次数在 2 次以下，受胎率则明显降低。因此母猪场总希望每个母猪能有 2 次配种，精子要每次保持在 25 亿以上。但多数研究显示，超过 25 亿精子的每份精液，授精 2 次以上并没有增加受胎率。实际情况是，公猪站提供每份精液有 30亿~40 亿个精子，但其真正运动、形态正常的精子只有 25 亿。超过 20 亿的精子在实际操作中因掌握不好排卵时间被漏出或失去活力。

据估计，优异公猪每次射精量中有 800 亿个精子，其中 80%是运动正常的，按照每份精液含有 30 亿个精子计算，可为 21 头母猪提供授精，如果使用每份 10 亿精子的低数量精液则可为 64 头母猪提供授精。因此产仔率和窝产数才是真正衡量人工授精成败的指标；例如，产仔率和窝产数同时降低说明精子数量少；产仔率正常而窝产数减少则表明精液中有活力的精子数减少。这是评估每份精液质量的关键。应有一种交替人工授精的方法，可解决授精后造成子宫精液储存漏出的问题。人工授精时，由于输精器放置不当，使子宫中的精液倒流到阴道。因此子宫内人工授精（IUI）是一个利用不同设备、使用少量精液的技术。此技术在美国的猪场迅速发展。新技术输精器和普通的泡沫输精器相似，普通输精器插入到子宫颈只起固定作用，新设备有一个内道管，进入子宫颈再插入 2～4cm 到达子宫体内。但内道管在后备母猪和低胎次的母猪中使用不够理想，仍然有授精失败的例子。该技术对低精子的精液有其优势，也不考虑输精的速度问题。一些研究表明：IUI 技术能使 10 亿个精子就能达到传统人工授精 2 次的效果。

当然，为什么如此低精子量能有这样的效果还不十分清楚。就像采用 IUI 技术使用 10 亿个精子不影响产仔率，而窝产数下降，使用 5 亿个精子使产仔率和窝产数都下降的结果一样。西班牙学者的实验证明，对断奶母猪每天进行 2 次发情检查，只使用 1 次 IUI，在发情后 25h 再人工授精 1 次即可。他们认为 IUI 技术精液渗漏不超过 20mL，但有回流现象。同时认为，105 亿和 2.5 亿精子的每份精液对受胎率没有影响，受胎率可超过 78%；对胚胎数也没影响，可超过 11 个。这充分证明：低精子数的精液输精 1 次也能成功。同样的理论也能使公猪的精液稀释到含有少量精子。值得考虑的是 IUI 技术可否在许多动物上使用，以减少渗透、缩小精液容量、降低操作时间、减少精子需求量、降低生产成本。

当然新技术的用途，操作过程以及设备的性能是清楚的。但配种次数、授精时间和真正的精子需要量要保持在何种程度才能提高受胎率仍是需要考虑的问题。新技术对农场效益的潜在影响和局限性以及能否提高种用猪的遗传价值还需进一步评估。

译自：2013 年 4 月 24 日，美国伊利诺伊大学厄巴纳分校（Department of Animal Sciences University of Illinois Urbana, USA）Robert V. Knox 博士给中国《猪业科学》杂志社的约稿《An update on the use of artificial insemination in swine in the United States》.

译文载于：《猪业科学》，2013 年第 5 期。